Zagorka Blazevska
Vesna Simovska
Darko Dimitrovski

Adição de goma acácia no leite fermentado

Zagorka Blazevska
Vesna Simovska
Darko Dimitrovski

Adição de goma acácia no leite fermentado

A influência no processo de produção e no produto acabado

ScienciaScripts

Cover image: www.ingimage.com

This book is a translation from the original published under ISBN 978-620-2-06209-1.

Publisher:
Sciencia Scripts
is a trademark of
Dodo Books Indian Ocean Ltd. and OmniScriptum S.R.L publishing group

120 High Road, East Finchley, London, N2 9ED, United Kingdom
Str. Armeneasca 28/1, office 1, Chisinau MD-2012, Republic of Moldova, Europe
Printed at: see last page
ISBN: 978-620-8-09564-2

Resumo

A goma de acácia foi avaliada quanto ao seu efeito na durabilidade, nas propriedades sensoriais e nos benefícios para a saúde do leite fermentado com probióticos. Para este efeito, as células viáveis e o desenvolvimento do pH foram avaliados durante a fermentação e o armazenamento de três leites fermentados enriquecidos com: 1,5 % de fruto-oligossacarídeos (FOS), 0,75 % de FOS + 0,75 % de Fibregum™- Goma Acácia, e 1,5 % de Goma Acácia Também foram examinados o perfil de carboidratos, o teor de fibra alimentar, a textura e as análises sensoriais do produto final em intervalos específicos durante o armazenamento.

A adição de goma arábica no leite fermentado irá enriquecer o produto com prebiótico, que tem fermentação prolongada no cólon distal, sem modificar significativamente os protocolos de produção. Para além do efeito prebiótico, foram observadas várias outras vantagens da goma arábica: níveis mais baixos de lactose e ausência de frutose no produto final, o que favorece os consumidores intolerantes, bem como potenciais benefícios para os diabéticos na redução dos níveis de glucose no sangue. A avaliação da textura demonstrou diferenças pequenas e não significativas na maioria dos atributos. A preferência geral do painel de consumidores foi a favor do leite fermentado enriquecido com FOS, o que pode ser explicado pelo efeito adoçante do FOS e pelos consumidores familiarizados com o perfil sensorial do leite fermentado diário existente no mercado. Estas diferenças de sabor podem ser ultrapassadas através da aromatização e/ou adoçamento do leite fermentado.

1. Introdução

Os alimentos e bebidas probióticos estão a ganhar popularidade à medida que cada vez mais consumidores se apercebem dos seus benefícios para a saúde. Por conseguinte, o desenvolvimento de tais produtos é uma das prioridades de investigação da indústria alimentar. No entanto, a sobrevivência dos microrganismos benéficos para a saúde nestes meios continua a ser um dos principais desafios para os fabricantes. Conforme relatado, os prebióticos podem melhorar a capacidade de sobrevivência dos probióticos. Além disso, quando os probióticos e os prebióticos foram utilizados em conjunto, verificou-se uma maior vantagem para o hospedeiro devido à sua ação sinérgica [1, 2]. Tal como os probióticos, os prebióticos também estão envolvidos no tratamento da síndrome do cólon irritável e das doenças inflamatórias intestinais [3, 4].

A goma-arábica, também conhecida como goma-arábica (número E 414), é um exsudado comestível, seco e gomoso dos caules e ramos da Acacia senegal e da A. seyal, que é rico em fibras solúveis não viscosas [5]. Há muito tempo que tem sido estudado pelas suas propriedades benéficas para a saúde. Calame, Weseler [6], na sua investigação em voluntários humanos saudáveis, descobriram que a goma de acácia produziu um maior aumento de bifidobactérias e lactobacilos do que uma dose igual de inulina, e resultou em menos efeitos secundários gastrointestinais, como gases e inchaço. Verificou-se também que a goma-arábica tem propriedades pró-absorventes durante o mau funcionamento gastrointestinal [7], reduz os lípidos no sangue nos seres humanos [8] e melhora o stress oxidativo e a inflamação durante a insuficiência renal crónica em ratos [9]. Tendo em conta a sua elevada tolerância intestinal [10], as suas vantagens tecnológicas, como a estabilidade da cor em bebidas [11] e a consistência não viscosa, e o seu comprovado papel prebiótico [12], pode concluir-se que a goma acácia é uma excelente escolha para a "funcionalização" de produtos alimentares. O enriquecimento de leite fermentado com goma arábica como fonte de fibra alimentar e prebiótico, conferindo benefícios para a saúde, já foi efectuado e alguns procedimentos estão mesmo patenteados [15].

A goma arábica é uma fibra alimentar totalmente natural com base num teor de fibra alimentar solúvel superior a 90%. Em estudos recentes in vitro, verificou-se que aumenta a resistência eléctrica transepitelial e modula a secreção de interleucinas, exercendo assim um potencial efeito positivo na barreira intestinal e na inflamação [16]. No trato gastrointestinal simulado, Terpend e Possemiers [17] observaram várias vantagens da goma arábica em relação aos FOS. Em vez da fermentação rápida dos FOS no cólon ascendente, a goma arábica sofre uma fermentação prolongada e selectiva no cólon distal, proporcionando assim uma maior tolerância digestiva. Isto também foi postulado por Goetze, Fruehauf [14] nos seus ensaios clínicos. A goma arábica tem um efeito bifidogénico específico, estimula bactérias butirogénicas como *a Faecalibacterium prausnitzii,* e não contém frutose, pelo que, ao contrário dos FOS, pode ser consumida por pessoas intolerantes à frutose. Nomeadamente, a intolerância alimentar é hoje em dia um problema enorme e crescente para um número cada vez maior de consumidores. Uma nova preocupação alimentar está a surgir com muita força: a intolerância aos FODMAPs. Os FODMAPs (Fermentable, Oligo-, Di-, Mono-saccharides And Polyols) são hidratos de carbono de cadeia curta mal absorvidos, incluindo a frutose (em excesso da glucose), a lactose, os polióis, os frutanos e os galactooligossacáridos [18]. Estão a surgir novas bebidas nutricionais com a alegação de baixo teor de FODMAPs, declarando na embalagem "sem inulina ou fruto-oligossacarídeos" e destacando o uso de "fibra de baixo teor de FODMAP para apoiar a saúde digestiva", que inclui a goma de acácia como fibra solúvel. Esta nova tendência, juntamente com a ausência de glúten ou de lactose, visa o número crescente de pessoas intolerantes para lhes facilitar a vida.

O objetivo da investigação

A investigação foi efectuada em cooperação com uma empresa de lacticínios, interessada na aplicação da goma de acácia no seu produto de leite fermentado simbiótico. A goma de acácia foi avaliada quanto ao seu efeito na durabilidade, nas propriedades sensoriais e nos benefícios para a saúde do produto. Durante esta investigação, foram examinadas duas concentrações de goma arábica no produto final, produzindo três amostras, incluindo o seu padrão atual como controlo negativo:

- Amostra 1 - Produto lácteo fermentado suplementado com 1,5 % de fruto-oligossacarídeos (FOS), a sua norma atual (marcado a partir de então como FOS)
- Amostra 2 - Produto lácteo fermentado suplementado com 0,75 % de FOS + 0,75 % de goma arábica (AG) (marcado a partir de então como FOS+ AG)
- Amostra 3 - Produto lácteo fermentado suplementado com 1,5 % de goma arábica (a partir daí marcado como AG)

2. Materiais e métodos

A produção das amostras de leite fermentado foi efectuada numa empresa de lacticínios segundo os procedimentos normais de produção. Nomeadamente, o leite cru (20 toneladas), depois de pasteurizado na receção, foi homogeneizado e dividido em dois recipientes. No primeiro recipiente foi adicionado FOS (1,5 %) e no segundo AG (1,5 %), o leite em ambos foi homogeneizado e novamente pasteurizado. Assepticamente, quantidades iguais do primeiro e do segundo recipientes foram transferidas para o terceiro recipiente, constituindo assim a amostra FOS+AG. A inoculação foi feita por cultura direta em cuba da Chr. Hansen contendo uma mistura de culturas de estirpe única de *Streptococcus thermophilus, Lactobacillus acidophilus* LA-5, e *Bifidobacterium lactis* BB-12. A temperatura e o pH foram monitorizados e o fim da fermentação foi determinado quando o valor do pH atingiu 4,5, após o que se iniciou o procedimento de embalagem asséptica e arrefecimento do leite fermentado. No dia seguinte, as amostras (embalagem comercial de 1L - cartão Tetra Pak) foram marcadas de forma ambígua (apenas os investigadores sabiam a identidade das amostras) e refrigeradas a baixa temperatura (4-7° C) para medições adicionais em intervalos regulares de 5 dias durante 45 dias.

A ausência de *Lactobacillus delbrueckii* subsp. *bulgaricus* no conjunto de inoculação é a razão pela qual o produto é definido como leite fermentado em vez de "iogurte" que, ao abrigo do regulamento macedónio (sl. vesnik br. 96/2011), é definido como leite fermentado por *S. thermophilus* e *L. delbrueckii subsp. bulgaricus.*

Tendo em conta o objetivo da adição da goma arábica, foram utilizados os seguintes protocolos para avaliar a influência deste componente no processo de fermentação e no produto final.

2.1. Contagem de células viáveis

A contagem viável de bactérias do ácido lático nas amostras foi medida utilizando o método de contagem viável de superfície de Milles e Misra [19, 20]. Após uma série de diluições adequadas, as amostras foram colocadas em placas de ágar MRS e incubadas a 37° C durante 48 h antes da contagem de colónias. As colónias crescidas foram contadas manualmente e este número multiplicado pela diluição da placa, resultando na contagem bacteriana, unidades formadoras de colónias por grama de leite fermentado (ufc/g). O pH foi medido durante a fermentação, bem como durante o armazenamento, com um medidor de pH (Sartorius PB-11, Göttingen, Alemanha).

As curvas de crescimento foram geradas utilizando dados médios de medições em triplicado das amostras. Os desvios padrão são apresentados como barras de erro. Para a descrição da cinética microbiana, o modelo de crescimento foi ajustado aos dados de contagem de colónias.

2.2. Determinação dos hidratos de carbono

A preparação dos extractos de hidratos de carbono das amostras de leite fermentado foi feita de acordo com Richmond, Harte [21]. Pesaram-se com precisão dez gramas de cada amostra em grandes tubos cónicos de centrifugação e adicionou-se etanol absoluto para obter uma concentração final de etanol de 80 % (vol/vol). As pastas foram misturadas e deixadas em repouso à temperatura ambiente para precipitar as proteínas. Adicionou-se então etanol (80 % vol/vol) para perfazer um volume total de 50 ml. As amostras foram centrifugadas a 5000 rpm durante 5 minutos, o sobrenadante foi decantado e o precipitado foi lavado com cerca de 25 ml adicionais de etanol a 80 % (vol/vol). O extrato combinado e as lavagens foram então concentrados (ausência de odor a álcool) utilizando um evaporador de vácuo rotativo (25 a 27°C). Os extractos das amostras foram completados até 25,0 ml com água e filtrados com papel Whatman n.º 42. As amostras foram filtradas através de uma membrana de seringa de 0,45 μm (Waters Corp., Milford, Estados Unidos), colocadas em frascos, seladas e congeladas (-10°C) para posterior análise por HPLC.

Para a quantificação da concentração de açúcar nas amostras, foi utilizado o sistema de cromatografia líquida de alta resolução Agilent 1200 (Agilent Technologies, Inc, Santa Clara, Estados Unidos). A coluna Supelcosil LC-NH2, 250x4,6 mm, tamanho de partícula 5pm, (Supelco analytical, Sigma Aldrich Group, Taufkirchen, Alemanha) foi utilizada para separar os açúcares contidos em 15 minutos, utilizando uma fase móvel isocrática acetonitrilo/água = 75/25 % (v/v) a 50° C [22]. O detetor de índice de refração, também com termóstato a 50° C, foi utilizado para a deteção dos analitos e os dados foram processados pelo software Agilent ChemStation. Foram utilizados padrões externos para quantificar a frutose, a glucose, a galactose, a sacarose, a maltose e a lactose nas amostras, enquanto os fruto-oligossacáridos presentes nas amostras FOS e FOS+ AG, bem como os eventuais derivados da goma arábica na amostra AG, foram quantificados como equivalentes de lactose.

Os dados da análise por HPLC são apresentados como valores médios de duas análises independentes, juntamente com o desvio padrão.

2.3. Análise da fibra alimentar

A fibra alimentar (FD) de elevado peso molar, incluindo as fracções solúveis em água (goma acácia), foi determinada pelo método AOAC 985.29. No entanto, a FD de baixo peso molar, incluindo a inulina (grau de polimerização (DP) de 10 a 60) e os fruto-oligossacáridos (FOS, DP de 2 a 10) não podem ser determinados por este método. Por isso, o teor de fibra alimentar foi analisado apenas nas amostras FOS+ AG e AG.

2.4. Análise de textura

A textura das amostras foi estudada com um analisador de textura - XT2 (Stable Micro Systems, Godalming, Inglaterra), utilizando o método de retroextrusão. Foram medidas a firmeza, consistência, coesividade e índice de viscosidade de todas as amostras colocadas num recipiente padronizado (75% cheio). A força durante a compressão da amostra foi medida com uma sonda de 35 mm e uma barra de extensão com uma carga de 5 kg. A média dos dados foi calculada a partir de 5 réplicas.

A fluidez, que está correlacionada com a viscosidade dos leites fermentados, foi obtida com um método interno que utiliza uma bureta. Foi medido o tempo necessário para fazer passar 10 ml de leite fermentado através da bureta. O valor recíproco do tempo multiplicado por 10 (ml) resulta em ml/min, que é o volume da amostra que flui em 1 minuto (fluidez). Quanto maior for este valor: a amostra tem maior fluidez - menor viscosidade. A média dos dados foi calculada a partir de 3 réplicas.

2.5. Avaliação sensorial

As amostras de leite fermentado foram avaliadas quanto à sua qualidade sensorial por dois painéis distintos. Um painel de peritos, que teve lugar na empresa de lacticínios, foi realizado pelos membros do seu laboratório que são regularmente responsáveis pela avaliação sensorial de todos os produtos da empresa. Era constituído por 5 juízes a quem foi entregue um questionário específico para análise descritiva das amostras e instruções sobre como avaliar as intensidades dos atributos (Anexo 1). O outro painel foi composto por consumidores (painel de consumidores - Apêndice 2) com algum conhecimento da tecnologia de produção de laticínios e ocorreu em sala de provas padronizada (Faculdade de Tecnologia e Metalurgia). Cada uma das amostras foi servida por ordem aleatória num copo de plástico transparente rotulado com um número aleatório de três dígitos. O painel era constituído por, pelo menos, 15 membros aleatórios selecionados de um grupo maior de possíveis provadores devido à sua declaração como consumidores frequentes de iogurte, não fumadores e sensíveis ao paladar e ao olfato. Antes da prova, as amostras foram-lhes apresentadas e foram informados dos atributos que deveriam ser avaliados. A aceitação da cor, do cheiro, do sabor e da consistência, bem como a aceitação global, foram classificadas de 1 (não aceitável) a 5 (muito bom).

2.6. Análise estatística

Os dados experimentais foram analisados estatisticamente usando Anova com o teste post-hoc de Tukey (software SPSS, IBM Corporation, Armonk, Nova York, EUA) para determinar a diferença estatisticamente significativa entre as duas populações de valores em um intervalo de confiança de 95%. A igualdade das variâncias foi verificada pelo teste de Levine. A análise de componentes principais foi utilizada para estudar a correlação entre os diferentes parâmetros.

2.7. Influência do leite fermentado suplementado com goma de acácia no nível de glucose em indivíduos saudáveis e pessoas com diabetes

A influência das amostras FOS+ AG e AG nos níveis de glucose no sangue foi examinada em 9 pessoas divididas em três grupos:

- Pessoas saudáveis (3),
- Pessoas com diabetes tipo 1 (3)
- Pessoas com diabetes tipo 2 (3)

Foi consumido um volume de 200 ml de leite fermentado por cada um dos sujeitos do teste e os níveis de glucose no sangue foram medidos utilizando um teste rápido (One Touch Select, LifeScan Inc.) em intervalos de tempo regulares de 0 min a 120 min. O teste foi efectuado durante três dias consecutivos, examinando todos os dias uma amostra. A amostra de FOS foi utilizada como controlo negativo. A média dos dados foi calculada para cada grupo de indivíduos e apresentada.

3. Resultados e discussão

3.1. Fermentação do leite

3.1.1. Concentração celular e pH

A contagem viável e a evolução do pH durante as três fermentações (FOS, FOS+AG e AG) são apresentadas nas figuras 1 e 2. Pode observar-se um crescimento linear nas três fermentações, começando com cerca de 4,0 - 4,5 log ufc/g e atingindo 6,5 - 7,0 log ufc/g após 4,5 horas. Não se registou qualquer fase de atraso no início, o que significa que a cultura estava bem adaptada ao ambiente. A taxa de crescimento específica (μ) da cultura na amostra FOS foi de 0,51 h-1 , enquanto nas amostras com adição de goma de acácia (FOS+ AG e AG) foi ligeiramente superior, 0,55 h-1. Registou-se uma pequena alteração do valor do pH, de 6,5 para 6,3, na primeira hora de fermentação, após a qual a diminuição foi mais intensa e, na terceira hora, o pH atingiu valores inferiores a 5,0. Parece que a diminuição do pH neste período é mais rápida na amostra FOS do que nas outras duas amostras, no entanto todas as amostras atingiram o pH 4,5 aproximadamente ao mesmo tempo.

A cultura *Streptococcus thermophilus*, neste caso, foi a principal bactéria fermentadora, uma vez que *Lactobacillus delbrueckii* subsp. *bulgaricus* estava ausente. *Lactobacillus acidophilus* LA-5 e *Bifidobacterium lactis* BB-12 são adicionados como bactérias probióticas que exercem benefícios para a saúde do consumidor e, provavelmente, não influenciaram muito a fermentação (produção de ácido lático). Ao contrário do *Lactobacillus, o S. thermophilus* também é capaz de produzir energia através da respiração aeróbica. Através da fermentação, converte a lactose em ácido lático a um pH ótimo de 4,6 [23]. No iogurte, *L. bulgaricus* fornece ácido fórmico a *S. thermophilus*, o que proporciona um melhor crescimento, enquanto *S. thermophilus* liberta aminoácidos, principalmente valina, para acelerar o crescimento de *L. bulgaricus*. Esta associação protocooperativa é capaz de produzir ácido lático a uma taxa mais elevada. No entanto, neste caso, a seleção das culturas foi feita para diminuir a produção de ácido lático e acético, obtendo-se assim uma vida útil mais longa do leite fermentado. Nomeadamente, quando o valor do pH desce abaixo do valor ótimo de 4,6, *S. thermophilus* reduz o seu metabolismo para que possa manter a homeostase do pH, daí que a conversão de lactose em ácido lático abrande significativamente [24]. Além disso, *a Bifidobacterium lactis*, quando co-cultivada com *S. thermophilus*, produz menos ácido acético devido à inibição das suas caraterísticas heterofermentativas [25].

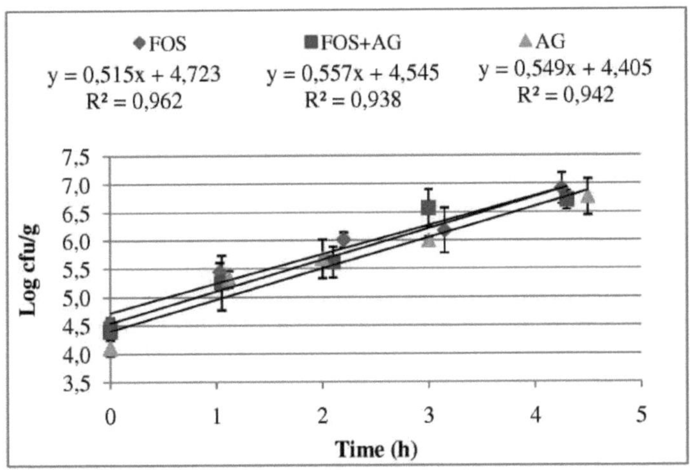

Figura 1: Contagem de bactérias do ácido lático viáveis durante a fermentação do leite

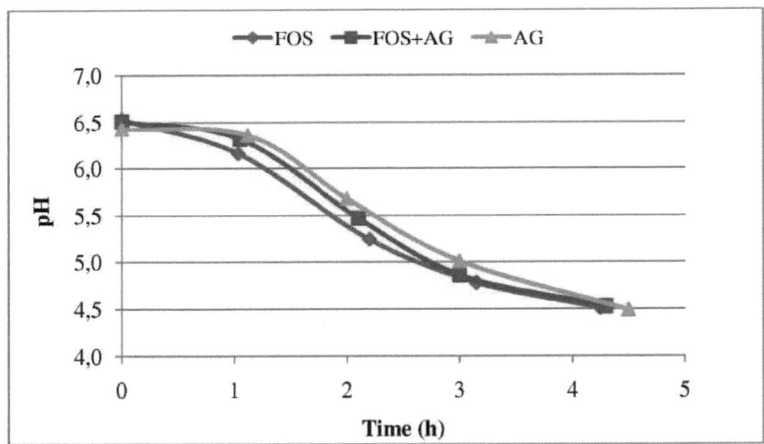

Figura 2: pH durante a fermentação do leite

3.1.2. Perfil de hidratos de carbono do leite antes e depois da fermentação

A análise dos hidratos de carbono foi efectuada no leite e no produto acabado. A Tabela 1 apresenta as concentrações dos dois principais constituintes de hidratos de carbono no leite: galactose e lactose. Como se pode ver, a concentração de galactose no leite era menor, enquanto que durante a fermentação aumentou significativamente. As culturas utilizavam preferencialmente a glucose como principal fonte de carbono, pelo que, após a hidrólise da lactose em glucose e galactose, a galactose acumulava-se. A concentração de lactose diminuiu dos 4,73 % iniciais no leite para 4,01 %, 3,40 % e 3,77 % para as amostras FOS, FOS+ AG e AG, respetivamente. Por conseguinte, as culturas iniciadoras consumiram maiores quantidades de lactose nas amostras FOS+ AG e AG do que na amostra FOS, o que explica a taxa de crescimento específico ligeiramente mais elevada nestas amostras. No entanto, a alteração do pH não foi afetada, pelo que, muito provavelmente, a utilização da lactose foi feita através da via mediada pela piruvato-formato-liase com produção de ácido fórmico e etanol para produzir ATP extra, ao contrário da via catabólica convencional que conduz apenas aos ácidos acético e lático [26].

Quadro 1: Concentração de galactose e lactose antes e depois da fermentação

Sample	Identification	Concentration (%)	
		Before fermentation	After fermentation
FOS	Galactose	0,04	0,69
	Lactose	4,72	4,01
FOS+ AG	Galactose	0,04	0,54
	Lactose	4,72	3,40
AG	Galactose	0,04	0,72
	Lactose	4,72	3,77

A Figura 3 apresenta o perfil de hidratos de carbono (exceto galactose e lactose) do leite com FOS adicionado antes e depois da fermentação. A identificação dos componentes não foi possível devido à falta de padrões externos, no entanto, concluiu-se provisoriamente que os picos do cromatograma com diferentes tempos de retenção (apresentados no eixo x) correspondem a diferentes fruto-oligossacáridos. Como se pode observar, alguns FOSs estavam a diminuir durante a fermentação e outros estavam a acumular-se/aparecer. Estes resultados sugerem que as culturas de arranque foram capazes de hidrolisar os fruto-oligossacáridos. Por outro lado, não se verificou a presença de frutose ou glucose no leite após a fermentação, o que indica que as bactérias utilizaram estes hidratos de carbono muito rapidamente. Esta descoberta está de acordo com o comportamento de outras bactérias do ácido lático que podem fermentar matrizes complexas sem hidrólise ácida ou enzimática antes da fermentação [27]. Verificou-se que os oligossacáridos são hidrolisados extracelularmente com a enzima β-frutosidase associada à parede celular, induzida pela presença de fruto-oligossacáridos, sacarose e frutose no meio [28]. Recentemente, foram publicados vários estudos sobre diferentes espécies de *Lactobacillus* que utilizam fruto-oligossacáridos como fonte de energia [29, 30]. A preferência entre diferentes fruto-oligossacáridos, tais como a 1-cestose (GF_2) e a nistose (GF_3), foi estudada por Endo e Tamura [30] para diferentes espécies *de Lactobacillus*.

O metabolismo dos fruto-oligossacáridos como fontes de energia e de carbono pode ser efectuado por duas vias principais: a glicólise (via Embden-Meyerhof), que é utilizada principalmente pelas bactérias homofermentativas do ácido lático, e a via do 6-fosfogluconato/fosfocetolase, utilizada principalmente pelas bactérias heterofermentativas [31].

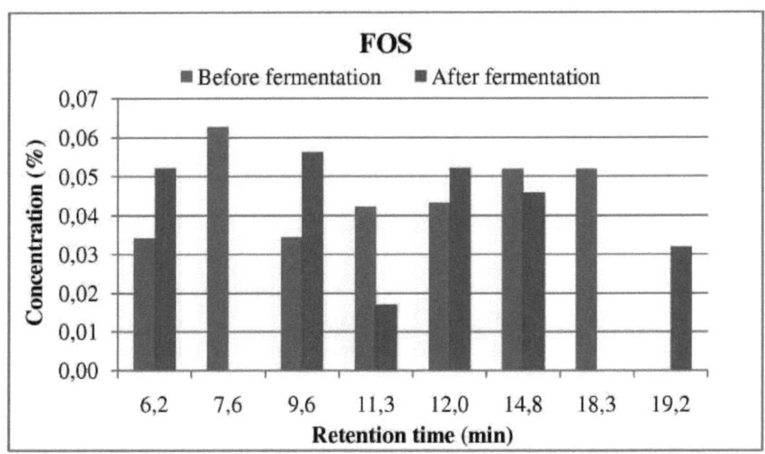

Figura 3: Perfil de hidratos de carbono do leite com FOS adicionado antes e depois da fermentação.

O tempo de retenção diferente apresenta vários fruto-oligossacáridos

3.2. Leite fermentado durante a armazenagem

3.2.1. Concentração celular e pH

As embalagens contendo 1 L de cada amostra de leite fermentado foram armazenadas no frigorífico a 4-7° C e foi aberta uma nova embalagem para cada conjunto de análises durante os 45 dias. A contagem viável e as alterações de pH durante o armazenamento são apresentadas nas Figuras 4 e 5. Os dados relativos à contagem viável e ao pH foram ajustados com uma equação polinomial de ordem 5th e 3th (linha sólida), respetivamente. Nos primeiros 7 dias de armazenamento, as bactérias do ácido lático continuaram a crescer, atingindo log 10, log 9,7 e log 8,4 ufc/g nas amostras FOS, FOS+ AG e AG. Nessa altura, o pH era inferior a 4,5 nas três amostras, pelo que o ambiente era desfavorável a um número tão elevado de bactérias, pelo que, após esse dia, se registou uma diminuição da contagem de bactérias viáveis. A contagem mais baixa foi medida no dia 14th (entre log 6 e 7 cfu/g), após o que a contagem viável começou a crescer novamente. A razão para a reativação das células é explicada pela sua adaptação ao stress que é subletal [32]. O pH baixo desencadeia uma regulação diferente dos genes nas células para que estas possam sobreviver. No entanto, passado algum tempo, a nova geração de células já está habituada ao novo ambiente e pode reativar os seus genes para a divisão celular. Pan, Wu [33] mostraram que a presença de oligossacáridos (fruto-oligossacáridos e xilooligossacáridos) pode aumentar a sobrevivência de culturas probióticas a condições de stress simuladas (sumo gastrointestinal, tratamento térmico e solução de fenol). A presença de goma acácia também demonstrou melhorar a capacidade de sobrevivência da estirpe de *Lactobacillus paracasei* seca por pulverização aos sucos gástricos [34].

É importante observar que, mesmo quando a contagem viável nas amostras era a mais baixa, não era inferior a log 6 ufc/g, que é o limite para os produtos probióticos. Nomeadamente, de acordo com o Codex Alimentarius [35] e também com alguns dos regulamentos nacionais dos membros da UE, para materializar a maioria dos supostos benefícios para a saúde associados aos probióticos, deve ser fornecida uma quantidade adequada de células viáveis no momento do consumo, pelo que o número mínimo de probióticos nos produtos deve ser log 6 ufc/g. Embora nos primeiros dias de armazenamento o aumento da contagem de colónias no FOS tenha sido o mais elevado, durante o período entre 20 e 35 dias de armazenamento, o AG manteve células viáveis mais elevadas em comparação com ambas as outras amostras (log 9,5 ufc/g, Figura 4).

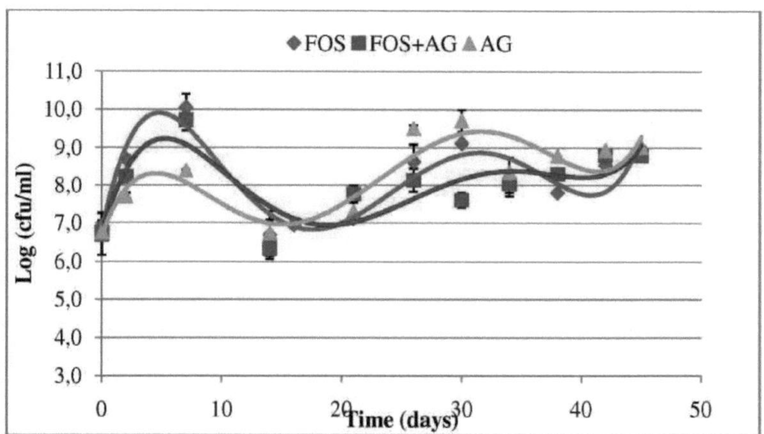

Figura 4: Contagem de bactérias lácticas viáveis durante o armazenamento a frio do leite fermentado

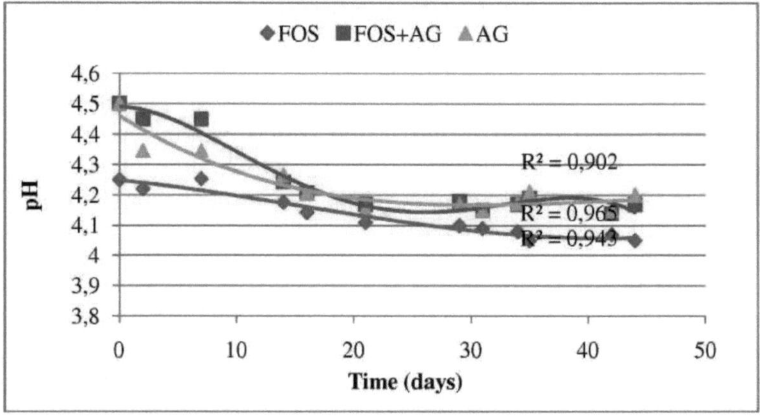

Figura 5: pH durante a conservação a frio do leite fermentado

Verifica-se que a variação do pH foi relativamente lenta em todas as amostras. Durante o período de armazenagem de 45 dias, o pH diminuiu 0,2 unidades para a amostra FOS e 0,3 unidades para as amostras FOS+AG e AG. O pH inicial da amostra FOS era inferior ao das outras duas amostras (4,2), pelo que o pH final (após 45 dias) desta amostra atingiu o valor mais baixo, 4,05. Após o 21° dia, a alteração do pH foi relativamente estável nas três amostras, contribuindo para um longo período de conservação das amostras.

3.2.2. Perfil de mono, di e oligo sacarídeos do leite fermentado durante o armazenamento

As concentrações de galactose e lactose nas amostras FOS, FOS+ AG e AG durante o armazenamento são apresentadas na Figura 6 a-c. Normalmente, como já foi referido, a fermentação deve-se principalmente à metabolização da porção de glucose da lactose, enquanto uma porção relevante da galactose é excretada no meio. Uma vez que os fruto-oligossacáridos estão a influenciar os metabolismos da cultura, observou-se um padrão ligeiramente diferente de utilização de hidratos de carbono durante o armazenamento das três amostras. Como se pode ver na Figura 6a, a concentração de galactose no FOS não se alterou significativamente nos primeiros 20 dias, enquanto nas outras duas amostras se observou um aumento significativo. A concentração mais elevada de galactose durante o armazenamento de FOS+ AG e AG pode ser explicada pela fermentação parcial da goma de acácia pela cultura. Nomeadamente, a galactose é um dos monómeros na molécula da goma de acácia, pelo que a sua utilização pelas estirpes de cultura pode resultar na libertação de galactose. Nem todas as bactérias do ácido lático são capazes de fermentar a galactose, no entanto S. thermophilus e L. acidophilus são espécies que se sabe que a utilizam até certo ponto [36]. Após o dia 20, foi observada uma diminuição da galactose nas três amostras, o que significa que as culturas activaram os genes de utilização da galactose. A concentração final de galactose foi mais baixa em FOS (0,56 %) do que em FOS+AG (0,63 %) e AG (0,62 %).

A lactose foi consumida em todas as três amostras, atingindo 3,0 % em FOS e FOS+ AG e 2,6 % em AG. Estes valores estão de acordo com os resultados de outros autores que determinaram os teores de lactose em leites fermentados [37-39]. Os mesmos autores comentaram sobre o consumo de iogurte e leites fermentados por pessoas intolerantes à lactose. Com exceção da raça caucasiana, a atividade da lactase diminui na maioria das pessoas na idade de 4 a 6 anos. A ingestão de lactose pode causar sintomas de inchaço, flatulência, dor abdominal e diarreia devido ao facto de a lactose atingir o intestino grosso. No entanto, a maioria das pessoas com intolerância à lactose consegue digerir pequenas quantidades de leite ou produtos lácteos, que são fontes muito importantes de cálcio. Os estudos mostraram que, apesar da presença de lactose nos iogurtes e leites fermentados, estes são muito bem tolerados por pessoas intolerantes à lactose [38]. Alm [37] testou leite fermentado em oito indivíduos que apresentaram sintomas de angústia abdominal e diarreia após o consumo de leite com baixo teor de gordura, enquanto a ingestão da mesma quantidade de iogurte ou leite acidófilo não resultou em quaisquer sintomas. Esta vantagem dos produtos lácteos fermentados é atribuída à presença de bactérias vivas do ácido lático que sobrevivem à passagem pelo estômago e também à lactase presente nestes produtos. Galvao, Fernandes [39] mediram a atividade da betagalactosidase (lactase) em diferentes leites fermentados e concluíram que estes produtos seriam provavelmente tolerados pela maioria das pessoas hipolactásicas.

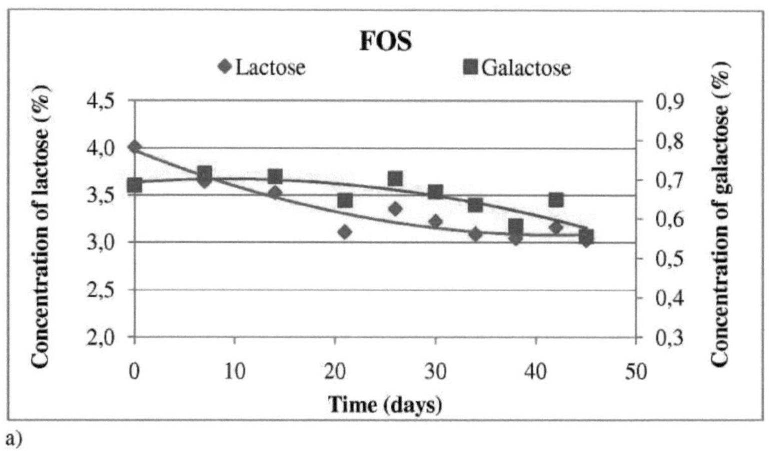

a)

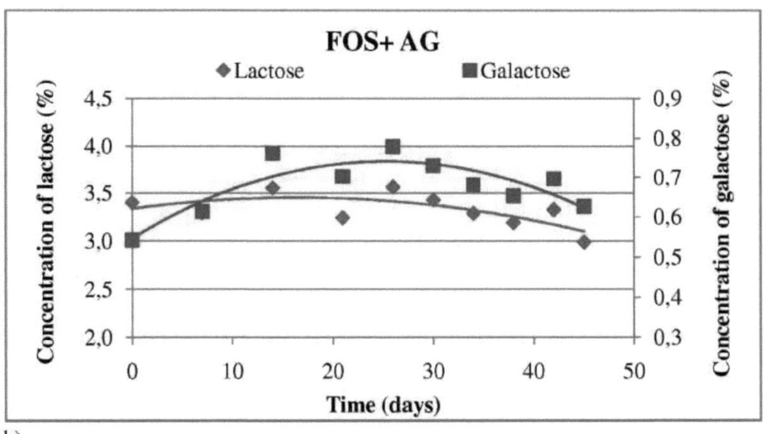

b)

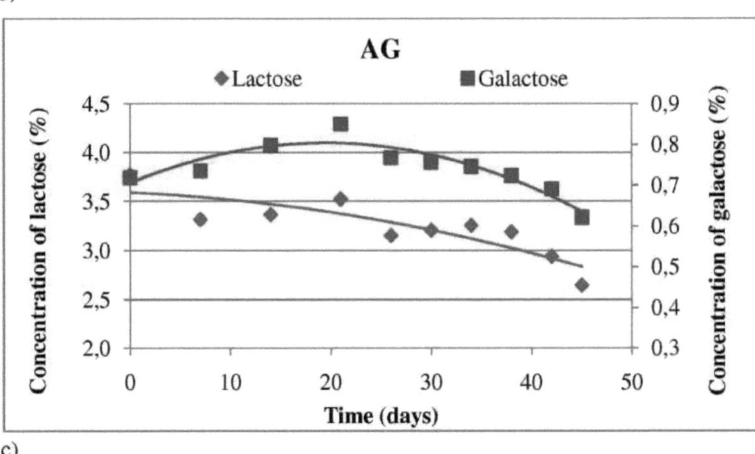

c)

Figura 6: Concentrações de galactose e lactose nas amostras: FOS (a), FOS+ AG (b) e

AG (c) durante o armazenamento

A figura 7 a-c apresenta o perfil de hidratos de carbono (exceto galactose e lactose) das amostras durante o armazenamento. A coluna HPLC pode separar e eluir apenas compostos de baixo peso molecular, pelo que os fruto-oligossacáridos com maior grau de polimerização (DP), bem como as moléculas de goma arábica com elevado peso molecular, não foram qualificados no cromatograma. O cromatograma representativo de uma amostra contendo FOS é apresentado no Apêndice 3. A frutose e a glucose, que são os principais monómeros dos FOS, não foram detectadas muito provavelmente porque foram imediatamente consumidas pelas bactérias presentes. A amostra de FOS demonstrou ter a maior concentração de hidratos de carbono de baixo peso molecular, o que se correlaciona com a adição de 1,5 % de fruto-oligossacáridos no leite (Figura 7a). Como se viu anteriormente, alguns compostos, como o eluído no tempo de retorno 9,6 min e 12,0 min, estão a ser consumidos, enquanto outros compostos, como o eluído no tempo de retorno 11,3 min e 14,8 min, estão a ser acumulados. Os componentes que se estão a acumular são provavelmente derivados de fruto-oligossacáridos com maior DP. Com exceção da galactose e da lactose, a amostra AG contém apenas alguns componentes de baixo peso molecular, como se pode ver na figura 7c. O componente com tempo de ret. de 6,1 min, encontrado em cada amostra, é um constituinte do leite, pelo que é provavelmente lactulose. A lactulose é produzida a partir da lactose durante o processamento térmico e o armazenamento de produtos lácteos. Este açúcar parece ter propriedades únicas de promoção do crescimento para certos tipos desejáveis de Lactobacilos no trato intestinal dos bebés [40]. Os outros hidratos de carbono qualificados são provavelmente derivados da goma de acácia adicionada que foi parcialmente fermentada pela cultura. As amostras AG + FOS apresentam um perfil de hidratos de carbono entre os outros dois.

3.2.3. Fibra alimentar de elevado peso molar no leite fermentado durante a armazenagem

A FD de alto peso molar (incluindo goma acácia) das amostras FOS+FIB e FIB é apresentada na Figura 8. Como se pode concluir, a concentração de fibra alimentar durante o armazenamento diminuiu em ambas as amostras. Em FOS+AG e AG, a taxa de redução da fibra foi de 0,02 dia-1 e 0,03 dia-1, atingindo 55 % e 56 % de redução total no final da armazenagem (45 dias), respetivamente.

A estabilidade da goma de acácia em ambientes ácidos foi mencionada em vários artigos [41, 42]. A goma arábica também foi aplicada com sucesso em sumo de laranja (pH 3,2) sem qualquer degradação durante 10 min a 100° C. A explicação mais possível para a diminuição da FD durante o armazenamento é a utilização da goma arábica pela cultura. Tendo em conta as suas propriedades como prebiótico (estimulando o crescimento de bactérias vantajosas no cólon), é de esperar a fermentação da goma de acácia pelas bactérias vivas presentes no leite fermentado durante o armazenamento.

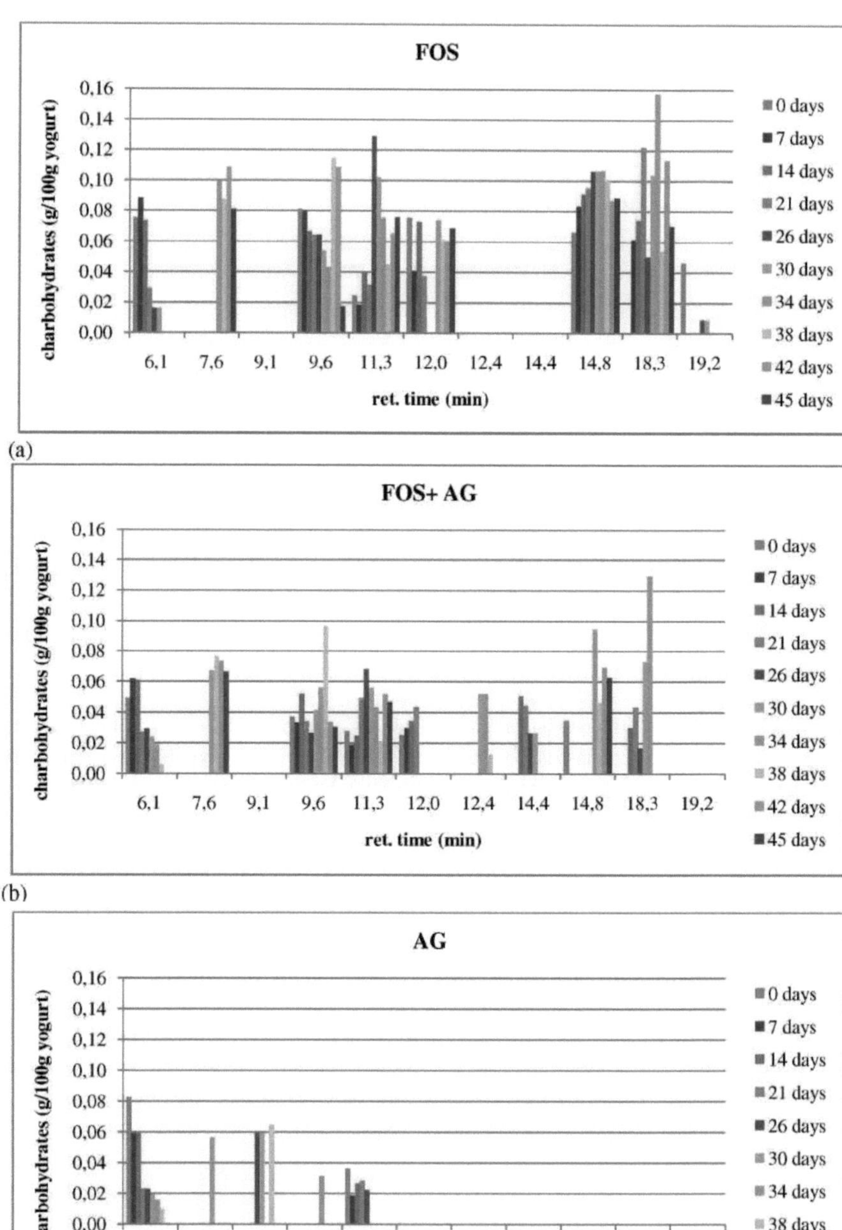

Figura 7: Perfil de hidratos de carbono das amostras: FOS (a), FOS+ AG (b) e AG (c) durante o

armazenamento

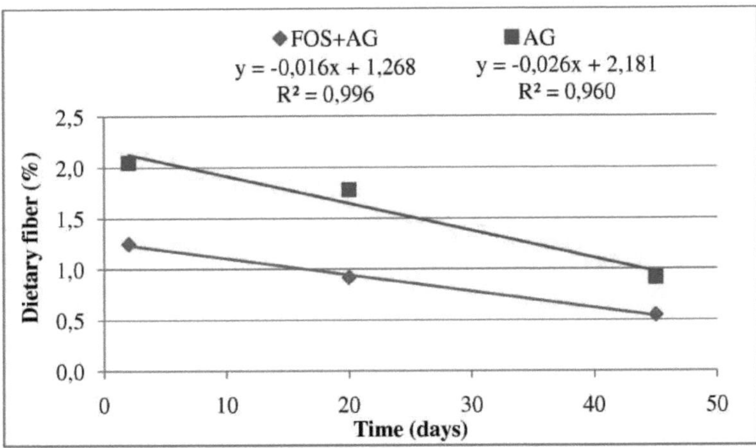

Figura 8: Concentração de fibra alimentar nas amostras FOS+AG e AG durante o armazenamento

3.2.4. Textura do leite fermentado durante a armazenagem

A Tabela 3 apresenta os dados da análise de textura do leite fermentado durante o armazenamento. Letras diferentes numa linha, em cada parâmetro textural, designam médias significativamente diferentes pelo teste de Tukey ($p<0,05$). Os valores que são estatisticamente diferentes entre as três amostras (FOS, FOS+AG e AG) estão destacados a cinzento. Como se percebe, os parâmetros firmeza e consistência não são significativamente diferentes entre as amostras, exceto ao 21° dia de armazenamento, em que o FOS apresentou o valor mais elevado ($p<0,05$). O FOS também apresentou índice de viscosidade significativamente maior nos dias 21 e 42, enquanto que para a coesividade, a mesma amostra apresentou valores maiores nos dias: 21, 30, 38 e 42. Na literatura, o construto coesividade é definido como um atributo mecânico textural relacionado ao grau em que uma substância pode ser deformada antes de quebrar ou quão bem o produto resiste a uma segunda deformação em relação à sua resistência sob a primeira deformação. Os adjectivos listados como descritores de coesividade incluem: fraturável, friável, estaladiço, quebradiço, estaladiço, crocante, mastigável, tenro, duro, curto, farinhento, pastoso e gomoso [43].

Quadro 3: Parâmetros de textura das amostras FOS, FOS+ AG e AG durante a armazenagem.

Texture parameter	Firmness (g)			Consistency (g sec)			Cohesiveness (g)			Index of viscosity (g sec)		
Time (days)	FOS	FOS+AG	AG	FOS	FOS+AG	AG	FOS	FOS+ AG	AG	FOS	FOS+AG	AG
0	34,7±0,5a	34,7±0,51a	34,9±0,54a	295,0±3,77a	295±3,47a	296,2±4,12a	6,2±0,14a	6,3±0,08a	6,4±0,08a	1,4±0,16a	1,5±0,07a	1,5±0,17a
7	34,3±0,37a	34,2±0,26a	34,1±0,56a	292,3±4,13a	291,7±2,62a	290,6±5,47a	6,3±0,04a	6,2±0,19a	6,1±0,30a	1,5±0,1a	1,4±0,11a	1,4±0,15a
14	34,3±0,45a	33,7±0,68a	34,2±0,37a	292,4±4,23a	285,4±5,71a	290,9±2,49a	6,3±0,24a	6±0,21a	6,0±0,08a	1,4±0,14a	1,5±0,17a	1,4±0,09a
21	35,6±0,42a	34,6±0,39b	33,6±0,42c	302,9±3,99a	293,1±3,52b	285,2±3,2c	6,8±0,14a	6,2±0,29b	5,7±0,12c	1,7±0,14a	1,5±0,16b	1,2±0,1b
26	34,9±0,82a	34,8±0,69a	35,0±1,5a	295,9±7,05a	294,5±5,65a	296,3±13,2a	6,5±0,3a	6,4±0,57a	6,5±0,58a	1,6±0,24a	1,6±0,32a	1,6±0,32a
30	35,3±0,44a	35,6±0,44a	35,2±0,48a	298,2±4,14a	301,2±3,7a	296,8±4,03a	6,7±0,05a	6,6±0,09a	6,5±0,08b	1,7±0,13a	1,7±0,13a	1,6±0,17a
34	33,7±0,78a	33,8±2,92a	34,2±0,88a	286,4±5,27a	286,7±21,6a	289,9±8,31a	5,7±0,38a	5,8±1,12a	6,0±0,40a	1,2±0,11a	1,2±0,56a	1,1±0,61a
38	35,1±0,41a	35,1±0,37a	34,7±0,41a	295,7±3,94a	296,5±2,36a	293,6±4,28a	6,8±0,09a	6,7±0,1a	6,4±0,19b	1,8±0,12a	1,7±0,18a	1,6±0,16a
42	34,7±0,37a	34,5±0,44a	33,8±0,85a	293,0±3,53a	290,9±3,16a	286,5±7,39a	6,4±0,1a	6,1±0,17a,b	6,0±0,27b	1,5±0,04a	1,3±0,11b	1,3±0,16b

* Letras diferentes numa linha, sob cada parâmetro textural, designam médias significativamente diferentes pelo teste de Tukey ($p<0,05$).

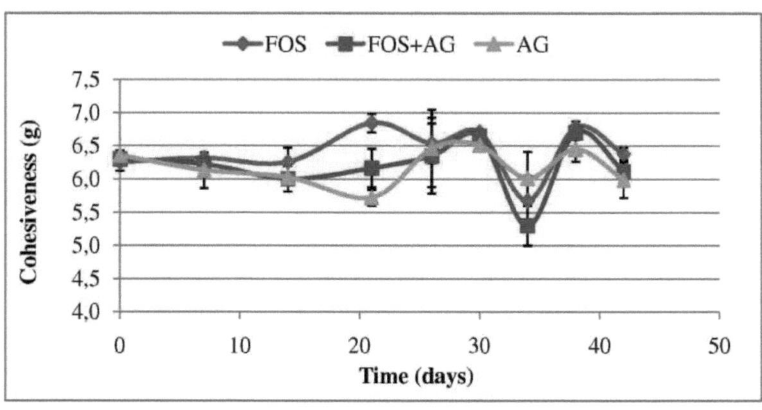

Figura 9: Coesividade das amostras FOS, FOS+AG e AG durante a armazenagem

A alteração ao longo do tempo de todos os parâmetros de textura foi muito semelhante, pelo que apenas a coesividade é apresentada na Figura 9. Como se pode ver, nos primeiros 14 dias a textura não se alterou muito em nenhuma das amostras. A estrutura altamente ramificada das moléculas de goma de acácia leva a um volume hidrodinâmico compacto relativamente pequeno, pelo que as soluções que contêm menos de 10% de goma de acácia têm uma viscosidade baixa e respondem a um comportamento newtoniano [44]. No entanto, a partir do 21.º dia, registou-se uma variação dos parâmetros de textura ao longo do tempo. A textura das soluções de goma de acácia pode ser modificada pela presença de ácidos ou bases, uma vez que estes alteram a carga eletrostática da macromolécula. Em soluções muito ácidas, os grupos ácidos são neutralizados, induzindo assim uma conformação mais compacta do polímero, o que leva a uma diminuição da viscosidade [42]. Durante esta experiência, observámos uma alteração sinusoidal dos parâmetros de textura, pelo que se pode concluir que outros factores também estão a influenciar a textura das amostras. A produção de exopolisacarídeos pelas culturas actuais pode ser uma das razões. Nomeadamente, várias BAL, tais como *Streptococcus thermophilus,* lactobacilos e bifidobactérias, são capazes de direcionar alguma parte do conjunto de açúcares para a biossíntese de exopolissacarídeos (EPSs) que podem melhorar as caraterísticas tecnológicas dos produtos lácteos fermentados, como a estabilidade e a textura [45].

3.2.5. Fluidez do leite fermentado durante a armazenagem

A fluidez das três amostras durante o armazenamento é apresentada na Figura 10. Aqui também se verificou que a fluidez, que está correlacionada (negativamente) com a viscosidade das amostras, estava a mudar ao longo do tempo. Enquanto o FOS diminuiu continuamente durante 34 dias (menos 13 %), as amostras FOS+ AG e AG apresentaram um aumento significativo da fluidez no dia 22 e voltaram a diminuir no dia 34. No segundo dia de armazenamento, os FOS apresentaram uma fluidez estatisticamente superior à das outras duas amostras ($p<0,05$). No dia 22 foi o contrário; o AG teve a maior fluidez, enquanto no dia 34, todas as amostras tiveram fluidez semelhante.

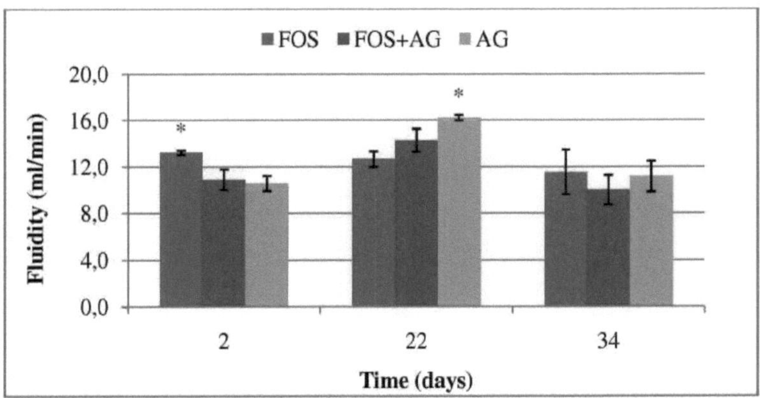

Figura 10: Fluidez das amostras FOS, FOS+AG e AG durante a armazenagem. As barras marcadas com um asterisco são estatisticamente diferentes das outras barras ($p<0,05$)

A diminuição da fluidez nos FOS pode ser explicada pela produção de EPS mencionada anteriormente. O aumento significativo da fluidez das amostras FOS+AG e AG, por outro lado, pode ser explicado pela diferente conformação da molécula de goma de acácia em ambiente ácido e pela sua fermentação.

3.3. Avaliação sensorial do leite fermentado durante a armazenagem

3.3.1. Painel de consumidores

Os dados da avaliação sensorial do consumidor nas três amostras durante o armazenamento são apresentados no Quadro 3. As notas que são estatisticamente diferentes entre as amostras estão assinaladas a cinzento. A representação gráfica dos mesmos dados é mostrada na Figura 11. Como se pode observar, devido à elevada variação, a maioria dos dados não tem significado estatístico. No caso da consistência, nenhuma diferença entre as amostras foi significativa em nenhum momento durante o armazenamento. No entanto, o sabor, o azedume e a aceitação global do FOS receberam notas estatisticamente mais elevadas do que as outras duas amostras em alguns pontos durante o armazenamento.

A média dos dados foi calculada para todos os pontos de tempo, obtendo-se um valor médio para cada parâmetro sensorial, que é apresentado no quadro 4 e na figura 12. Aqui também se pode ver que a consistência não foi algo que os consumidores consideraram diferente entre as amostras. Embora o valor médio seja mais elevado para o FOS, a grande variação dos dados não resultou numa diferença estatística. No entanto, as notas de FOS para o sabor, acidez e aceitação global foram mais elevadas ($p<0,05$).

A partir da Análise de Componentes Principais (Figura 13) é evidente que o género dos membros do painel e a sua frequência de consumo de leites fermentados não tiveram influência nos parâmetros sensoriais. O sabor e o azedume estão estreitamente correlacionados, o que é consistente com o facto de a sensação gustativa mais intensa neste caso ser o azedume. A aceitação global não está muito longe de ambos, portanto, muito provavelmente este parâmetro foi influenciado pelo azedume e pelo sabor das amostras.

Quadro 3: Classificação dos atributos sensoriais do painel de consumidores

Sensory attributes	Time (days)	FOS	FOS+ AG	AG
Taste	2	3,9±0,75a	3,4±1,32a	4,1±0,7a
	9	4,3±0,9a	3,6±0,63b	3,1±0,74b
	16	4,0±0,87a	3,9±0,83a	3,8±0,9a
	23	4,5±0,82a	3,5±1,13a	3,6±0,92a
	30	3,6±1,16a	4,1±0,62a	3,6±1,08a
	35	4,3±0,71a	3,5±1,07a	3,6±1,13a
	40	4,4±0,76a	3,9±0,53a,b	3,6±0,94b
Consistence	2	3,6±0,87a	3,6±1,00a	3,9±0,93a
	9	3,9±0,88a	3,5±0,83a	3,7±0,72a
	16	4,4±0,70a	4,2±0,66a	3,8±0,95a
	23	4,4±0,92a	4,1±0,83a	4,2±0,75a
	30	3,6±0,84a	3,5±1,16a	3,6±0,65a
	35	4,1±0,35a	3,4±1,06a	3,3±0,49a
	40	4,2±0,43a	4,1±0,66a	3,9±0,66a
Sourness	2	3,8±1,01a	2,9±1,27b	3,7±0,85a,b
	9	4,1±1,13a	3,5±0,99a	3,7±0,82a
	16	4,2±0,64a	3,7±0,99a	3,9±0,9a
	23	4,5±0,69a	3,4±1,12b	3,8±0,75a,b
	30	2,9±1,00a	3,4±1,09a	3,4±0,76a
	35	4,1±0,64a	3,5±1,07a	3,3±1,25a
	40	4,5±0,52a	4±0,68a,b	3,7±0,99b
Overall acceptance	2	3,8±0,81a	3,5±1,12a	3,9±0,75a
	9	4,3±0,9a	3,5±0,74b	3,4±0,63b
	16	4,3±0,59a	4,2±0,81a	3,8±0,9a
	23	4,6±0,67a	3,8±0,87b	3,8±0,75b
	30	3,5±1,02a	3,9±0,56a	3,8±0,58a
	34	4,2±0,37a	3,5±1,07a	3,4±1,13a
	40	4,5±0,52a	4,1±0,62a,b	3,6±0,65b

*Letras diferentes numa linha designam médias significativamente diferentes pelo teste Tukey ($p<0,05$).

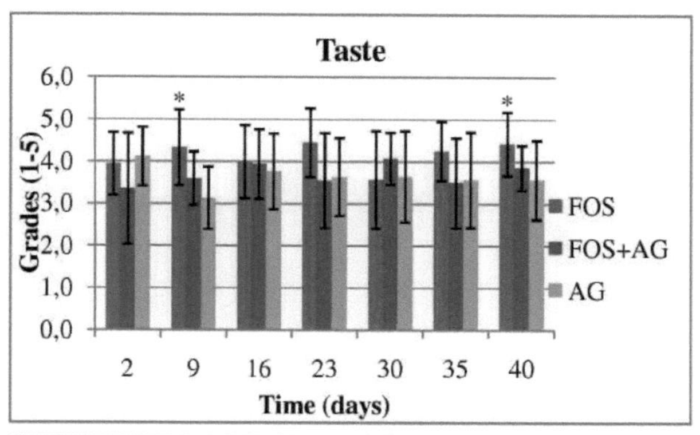
Taste
6,0
5,0
4,0
3,0
2,0
1,0
0,0
Grades (1-5)
*
*
FOS
FOS+AG
AG
2
9
16
23
30
35
40
Time (days)

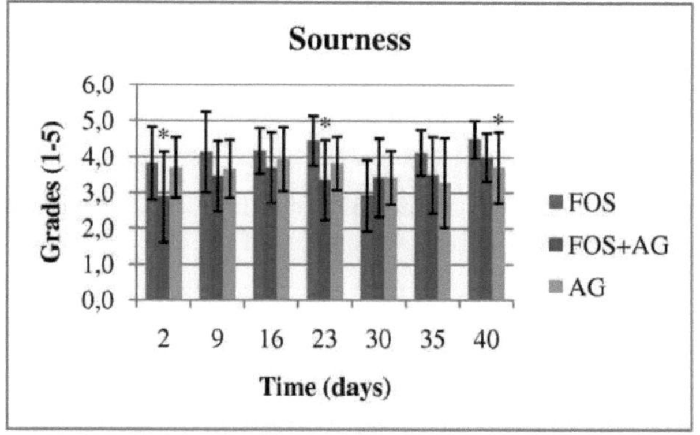
Sourness
6,0
5,0
4,0
3,0
2,0
1,0
0,0
Grades (1-5)
*
*
*
FOS
FOS+AG
AG
2
9
16
23
30
35
40
Time (days)

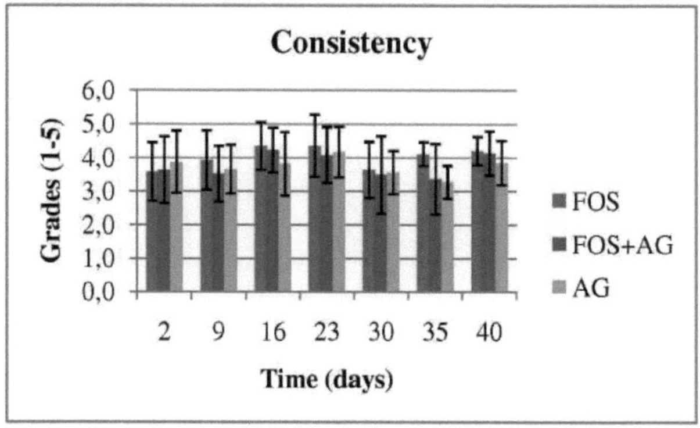
Consistency
6,0
5,0
4,0
3,0
2,0
1,0
0,0
Grades (1-5)
FOS
FOS+AG
AG
2
9
16
23
30
35
40
Time (days)

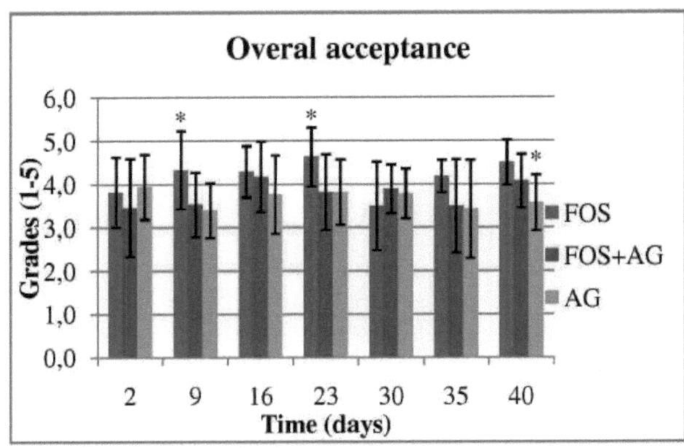

Figura 11: Notas dos consumidores relativamente aos atributos sensoriais das três amostras: FOS, FOS+ AG e AG durante o armazenamento. As barras marcadas com um asterisco são estatisticamente diferentes das outras barras (p<0,05)

Quadro 4: Média (para todo o intervalo de tempo) das classificações dos consumidores relativamente aos atributos sensoriais das três amostras: FOS, FOS+ AG e AG

Sensory attributes	FOS	FOS+AG	AG
Taste	4,1±0,89a	3,7±0,92b	3,7±0,92b
Consistancy	4,0±0,80a	3,8±0,92a	3,8±0,79a
Sourness	4,0±0,96a	3,5±1,07b	3,7±0,88a,b
Overall acceptance	4,2±0,81a	3,8±0,86b	3,7±0,76b

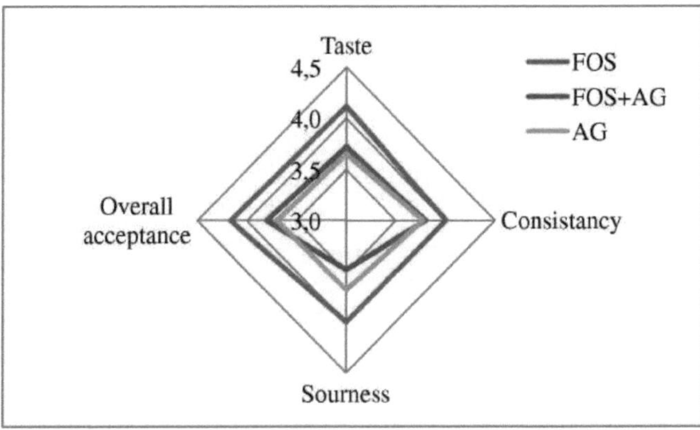

Figura 12: Média (para todo o intervalo de tempo) das classificações dos consumidores relativamente aos atributos sensoriais para as três amostras: FOS, FOS+AG e AG

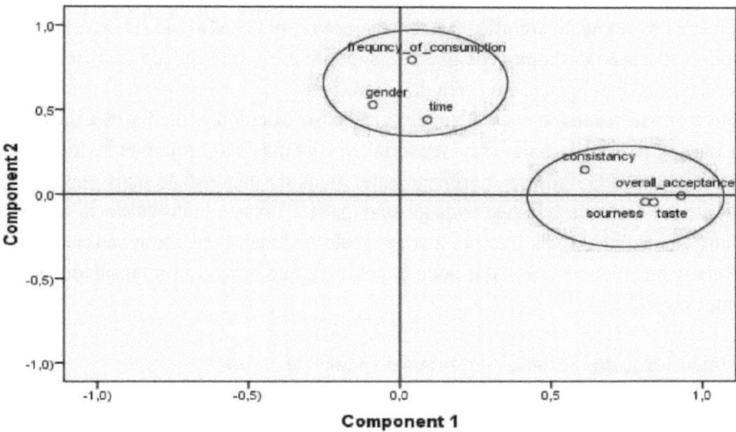

Figura 13: Análise de componentes principais dos dados do painel de consumidores

3.3.2. Painel de peritos

O painel de peritos estava a avaliar as intensidades das sensações sensoriais separadas com classificações de 1 (sensação inexistente) a 5 (sensação muito intensa). Os dados obtidos são apresentados na Tabela 5 e uma representação gráfica na Figura 14. Como se conclui a partir destes dados, alguns parâmetros sensoriais não se alteraram ao longo do tempo, como a homogeneidade da superfície e a homogeneidade, em que todas as amostras na maioria dos painéis obtiveram um grau de intensidade de cerca de 3. Os sabores amargo e a cartão e a consistência viscosa não foram sentidos de todo nas amostras (grau de intensidade 1). As intensidades de alguns parâmetros sensoriais aumentaram ao longo do tempo, como a sinérese que, após 19 dias de armazenamento, começou a aumentar em todas as amostras, especialmente na FIB, que foi classificada com intensidade máxima (5) no dia 43 ($p<0,05$). Também se verificou que o sabor oxidado (oxidação da gordura) e o sabor adstringente se desenvolveram apenas nas amostras FOS+AG e AG durante o armazenamento, com intensidades máximas no dia 43 ($p<0,05$). Nalguns casos, a sensação do parâmetro diminuiu durante o armazenamento das amostras, como no caso do sabor cremoso, em que, apesar de o FOS ter tido uma intensidade máxima no dia 14, nos painéis seguintes foi classificado com 3. As amostras FOS+AG e AG tiveram uma intensidade de sabor cremoso inferior à do FOS ($p<0,05$). A amostra FOS também recebeu notas de intensidade mais altas para a sensação de boca, suavidade e revestimento da boca ($p<0,05$). Por outro lado, as amostras FOS+AG e AG obtiveram maior intensidade de sabor residual, azedo e intensidade global do sabor ($p<0,05$). Relativamente à firmeza, os FOS+AG apresentaram graus de intensidade inferiores aos das outras duas amostras na maioria dos painéis (dias 19, 26 e 33).

Em conclusão, os membros do painel de peritos concluíram que os FOS têm caraterísticas de textura mais pronunciadas do que as amostras com adição de goma de acácia, atribuindo graus de intensidade mais elevados para a sensação de boca, suavidade e revestimento da boca e mais baixos para a sensação adstringente. Por outro lado, as sensações gustativas foram mais intensas no

FOS+ AG e AG, embora o desenvolvimento do sabor oxidativo seja uma sensação negativa e deva ser evitado no produto acabado. Relativamente ao aspeto, parece não haver diferenças significativas entre as amostras. O aumento significativo da sinérese no FOS+AG e no AG só se verificou ao 43º dia, não houve alteração da homogeneidade da superfície e a intensidade da firmeza no FOS+AG foi inferior às outras duas apenas em cerca de 1 grau.

Obtiveram-se resultados semelhantes quando se calculou a média dos dados de todos os painéis de peritos para cada parâmetro sensorial. As médias são apresentadas no Quadro 6 e na Figura 15. A amostra FOS apresenta, obviamente, graus de intensidade mais elevados para: sabor cremoso, sensação de boca, homogeneidade, suavidade e revestimento da boca, ao passo que AG apresenta um sabor global mais intenso, acidez, gosto residual, bem como sensação adstringente e sinérese. Relativamente ao FOS+ AG, pode concluir-se que apresenta intensidades intermédias ou não diferentes do AG.

Quadro 5: Intensidade dos atributos sensoriais do painel de peritos

Time (day)		14			19			26			33			43		
Sensory attributes		FOS	FOS+AG	AG	FOS	FOS+AG	AG	FOS	FOS+AG	AG	FOS	FOS+ AG	AG	FOS	FOS+AG	AG
Appearance	Syneresis	1,0±0,00a	1,0±0,00a	1,0±0,00a	1,0±0,00a	1,0±0,00a	1,0±0,00a	3,2±0,45a	2,0±0,71b	3,8±0,84a	3,0±0,00a	3,0±0,00a	3,0±0,00a	2,0±0,00c	4,3±0,50b	5,0±0,00a
	Homogeneity of surface	3,0±0,00a	3,0±0,00a	3,0±0,00a	3,0±0,00a	2,0±0,00a	1,5±0,58a	2,8±0,45a	2,6±0,55a	2,8±0,45a	3,0±0,00a	2,0±0,00a	3,0±0,00a	3,0±0,00a	3,0±0,00a	3,0±0,00a
	Firmness	3,0±0,00a	3,0±0,00a	3,5±1,00a	3,0±0,00a	2,5±0,58b	2,8±0,50b	3,0±0,00a	2,2±0,45b	3,0±0,00a	3,0±0,00a	1,8±0,50b	2,3±0,50a,b	3,0±0,00a	2,8±0,50a	3,0±0,00a
Taste	Taste - overall intensity	3,0±0,00a	3,2±1,26a	4,5±1,00a	3,0±0,00a	4,0±0,82b	5,0±0,00c	3,0±0,00b	4,2±0,45a	4,8±0,45a	3,0±0,00a	5,0±0,00a	5,0±0,00a	3,0±0,00c	4,3±0,50b	5,0±0,00a
	Sour	2,5±1,00a	3,7±1,89a	3,5±1,73a	3,0±0,00b	3,8±0,5,0a,b	4,5±0,58a	3,0±0,00b	3,6±0,55b	4,4±0,55a	3,0±0,00b	4,0±0,00a	4,5±0,58a	3,8±0,50b	5,0±0,00a	4,5±0,58a,b
	Biter	1,7±0,96a	1,7±0,96a	1,7±0,96a	1,0±0,00a	1,5±0,58a	1,8±0,50a	1,0±0,00a	1,0±0,00a	1,0±0,00a	2,0±1,15a	1,8±0,50a	1,0±0,00a	1,0±0,00a	1,0±0,00a	1,0±0,00a
	Creamy	5,0±0,00a	2,0±0,82b	2,7±1,26b	3,0±0,00a	2,0±1,41b	2,3±1,26b	2,6±0,89a	2,6±0,89a	2,0±1,00a	3,0±0,00a	2,8±0,50a	2,0±0,00b	2,8±0,50a	1,8±0,50b	1,8±0,50b
	Cardboard	1,0±0,00a	1,0±0,00a	1,0±0,00a	1,0±0,00a	1,0±0,00a	1,0±0,00a	1,0±0,00a	1,4±0,55a	1,0±0,00a	1,0±0,00a	1,3±0,50a	1,0±0,00a	1,0±0,00a	1,0±0,00a	1,0±0,00a
	Oxidized	1,0±0,00a	1,0±0,00a	1,0±0,00a	1,0±0,00a	1,0±0,00a	1,0±0,00a	1,0±0,00a	1,6±0,55a	2,2±1,30a	1,0±0,00a	1,8±0,50a	1,8±0,50a	1,0±0,00b	4,3±0,96a	4,8±0,50a
	Aftertaste	2,5±1,00a	2,5±1,29a	4,0±1,41a	1,0±0,00b	4,3±0,96a	5,0±0,00a	1,6±1,34b	4,2±0,45a	3,8±1,64a	1,0±0,00c	4,3±0,50b	5,0±0,00a	1,0±0,00b	4,8±0,50a	4,8±0,50a
Texture	Mouthfeel	3,5±1,00a	2,7±1,71a	3,5±1,91a	3,0±0,00a	3,3±1,71a	3,5±1,91a	3,0±0,00a	2,8±0,45a	2,4±0,55a	3,0±0,00a	3,0±0,00a	2,0±0,00a	3,0±0,00a	1,0±0,00a	1,0±0,00a
	Homogeniety	3,5±1,00a	2,5±1,00a	2,5±1,00a	3,0±0,00a	2,5±1,29a	2,8±0,96a	3,0±0,00a	2,6±0,55a	2,4±0,89a	3,0±0,00a	2,0±0,00b	1,8±0,50b	3,0±0,00a	3,0±0,00a	3,0±0,00a
	Smoothness	4,0±1,15a	2,5±1,29a	3,2±1,50a	3,0±0,00a	2,3±0,96a	2,0±1,15a	3,0±0,00a	2,6±0,55a,b	2,2±0,45b	3,0±0,00a	2,0±0,00b	1,5±0,58b	3,0±0,00a	2,0±0,00a	2,0±0,00a
	Mouthcoating	3,5±1,00a	2,2±1,50a	3,2±1,71a	3,0±0,00a	3,3±0,50a	3,3±0,50a	3,0±0,00a	1,8±0,84b	2,2±0,45a,b	3,0±0,00a	1,8±0,50b	1,8±0,50b	3,0±0,00a	2,0±0,00a	2,0±0,00a
	Slimy	1,0±0,00a	1,0±0,00a	1,0±0,00a	1,0±0,00a	1,0±0,00a	1,0±0,00a	1,0±0,00a	1,0±0,00a	1,0±0,00a	1,0±0,00a	1,0±0,00a	1,0±0,00a	1,0±0,00a	1,5±0,58a	1,0±0,00a
	Astringent	2,0±1,15a	2,0±2,00a	2,3±1,53a	1,0±0,00a	1,3±0,50a	2,5±1,73a	1,2±0,45b	2,4±0,55a	2,6±0,55a	1,0±0,00a	2,0±0,00a	2,0±0,00a	1,0±0,00b	4,3±0,50a	4,3±0,96a

* Letras diferentes numa linha, sob cada dia, designam médias significativamente diferentes pelo teste de Tukey ($p<0,05$).

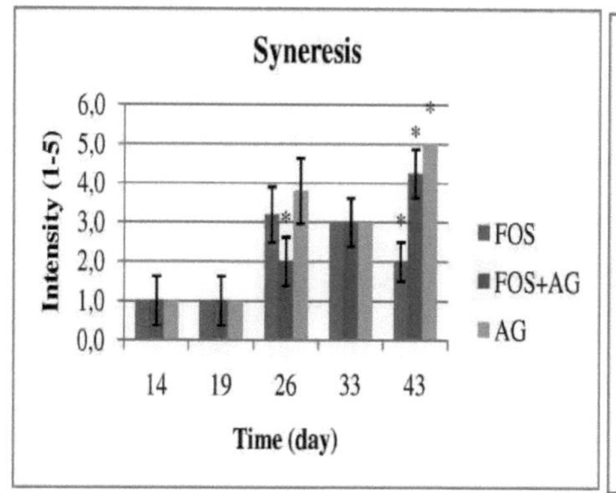

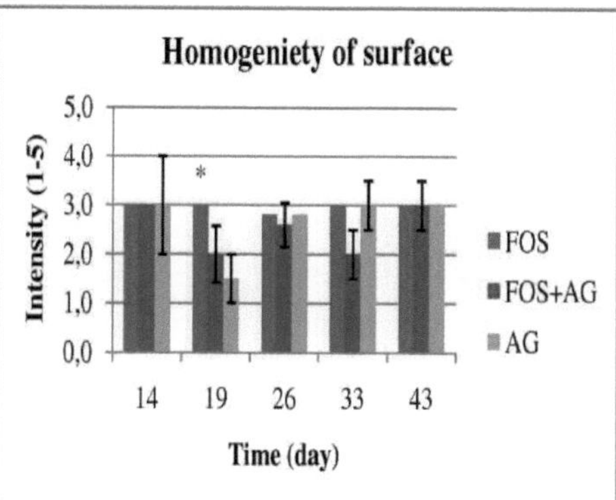

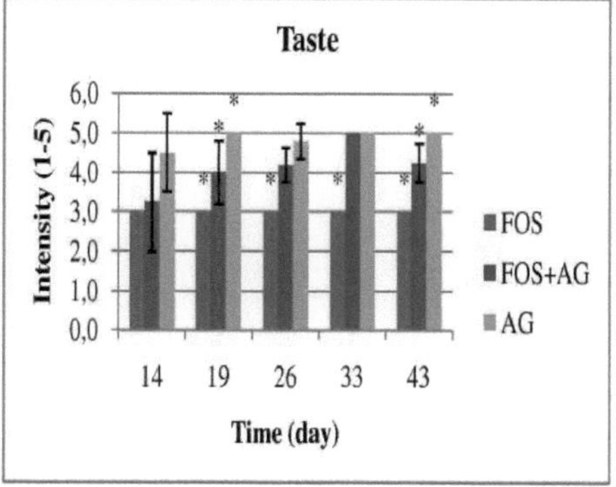

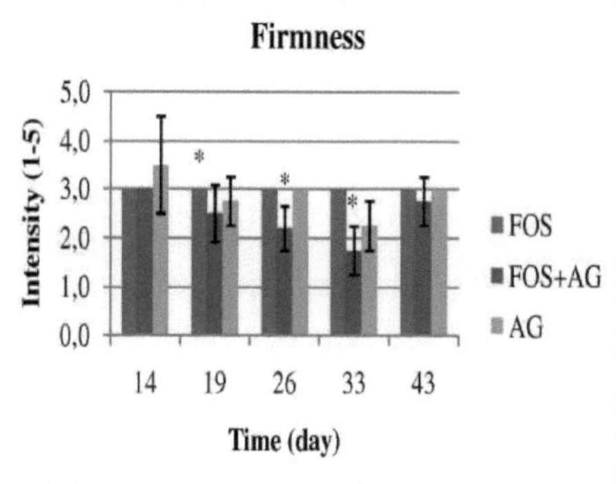

Figura 14: Intensidade dos atributos sensoriais efectuada pelo painel de peritos

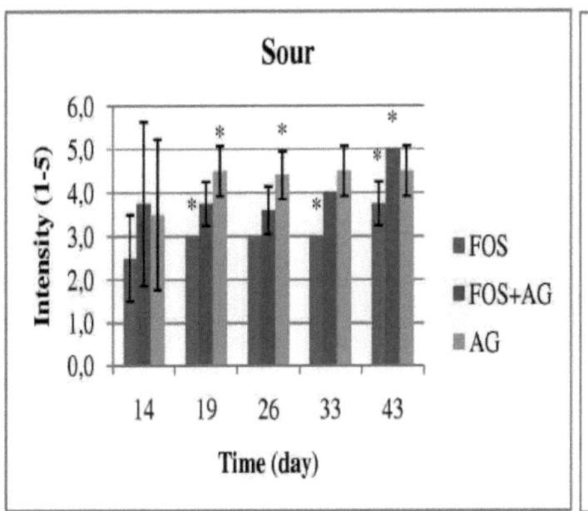

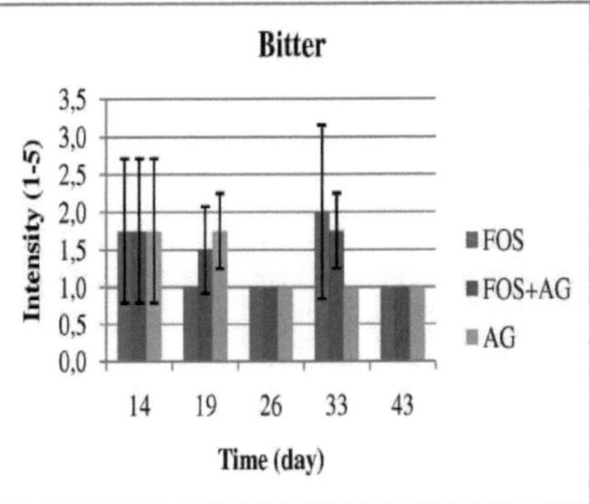

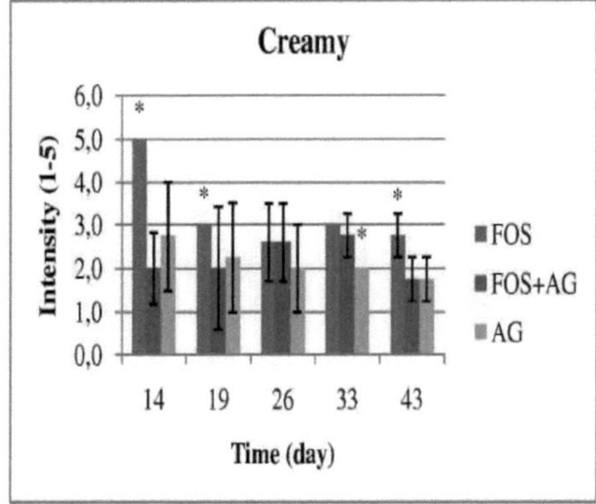

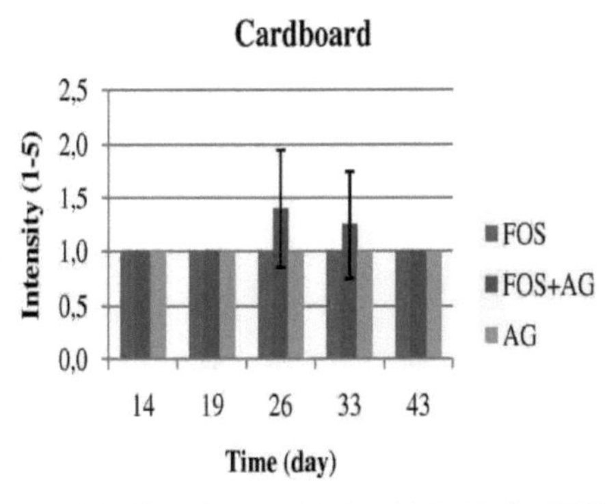

Figura 14: Intensidade dos atributos sensoriais efectuada pelo painel de peritos

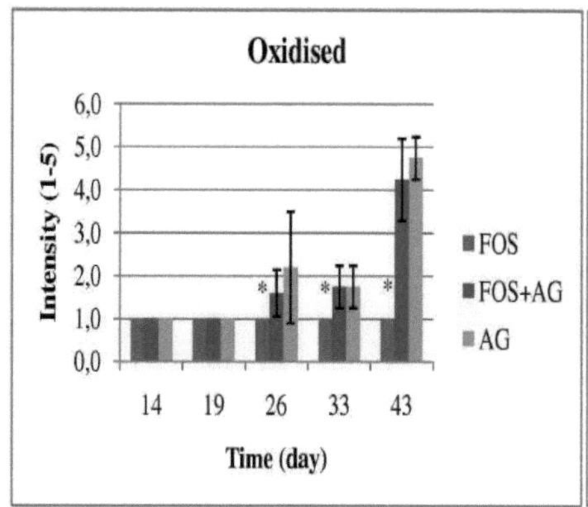

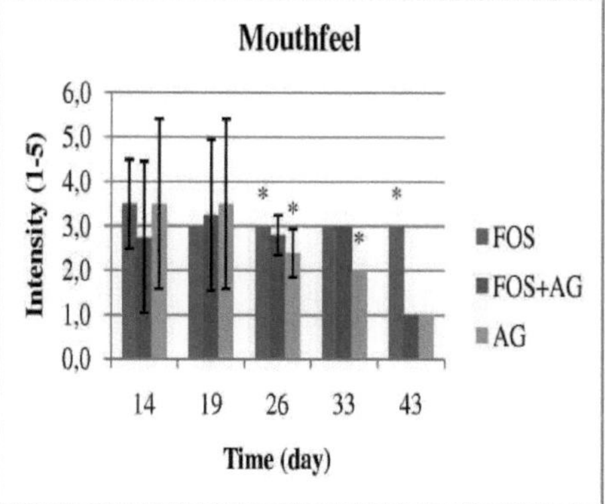

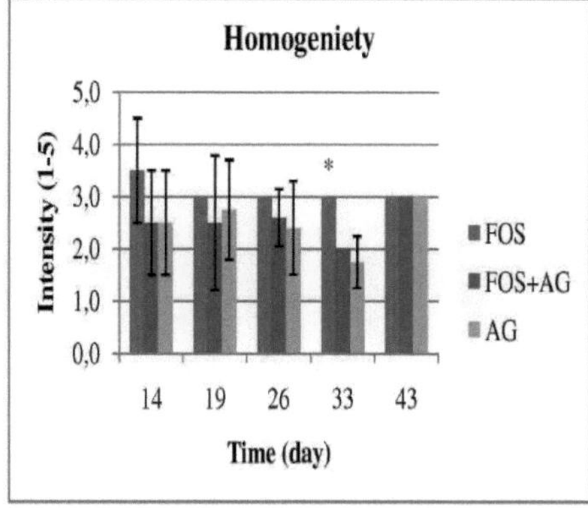

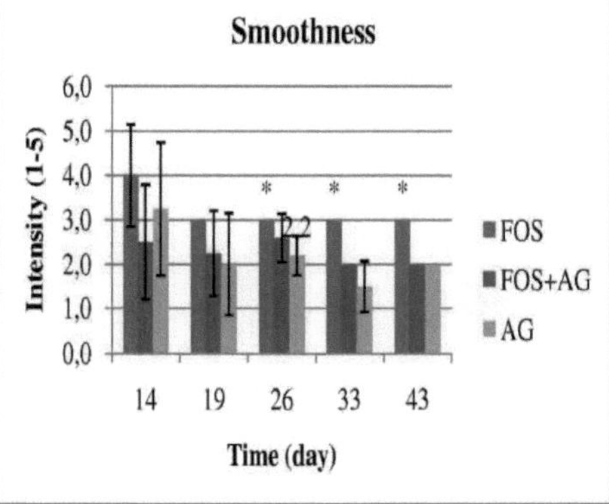

Figura 14: Intensidade dos atributos sensoriais efectuada pelo painel de peritos

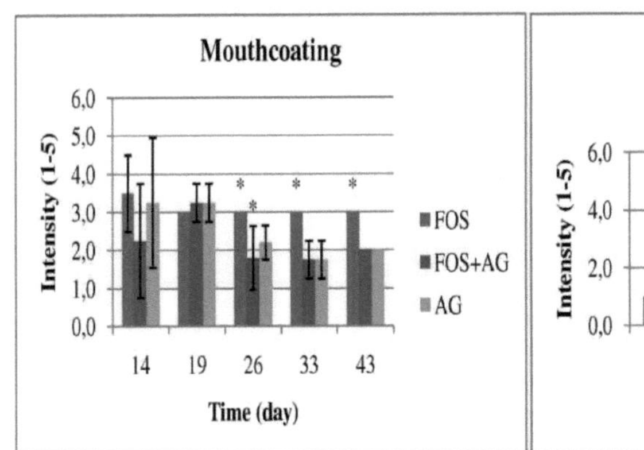

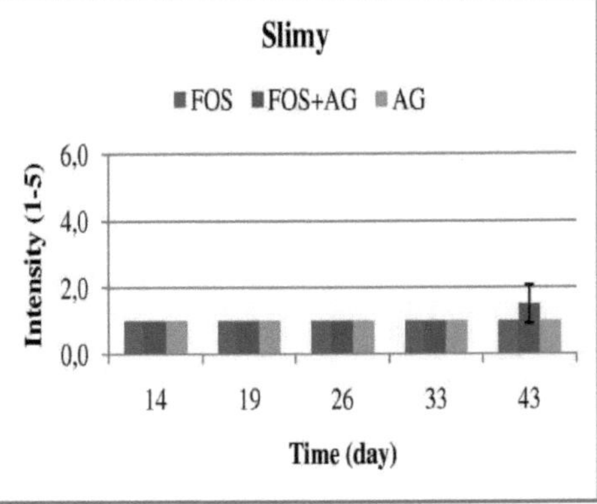

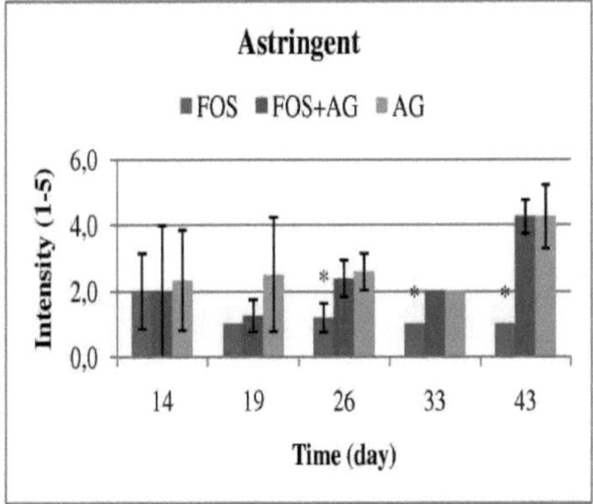

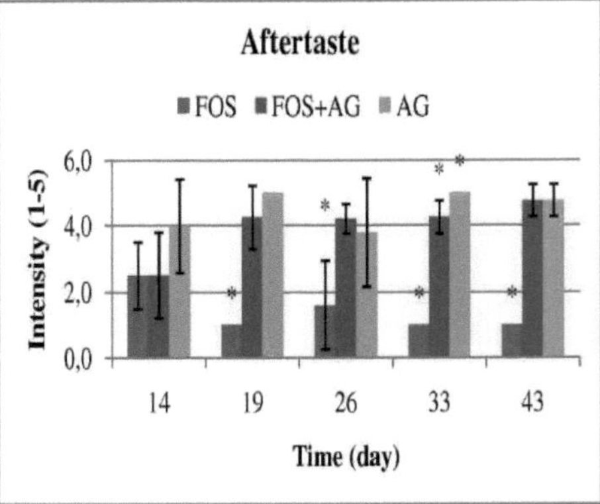

Figura 14: Intensidade dos atributos sensoriais efectuada pelo painel de peritos

Quadro 6: Intensidades médias dos atributos sensoriais durante 45 dias

Sensory attributes		FOS	FOS+ AG	AG
Appearance	Syneresis	2,1±1,00a	2,2±1,30a	2,8±1,63a
	Homogeneity of surface	3,0±0,22a	2,5±0,51b	2,7±0,66a,b
	Firmness	3,0±0,00a	2,4±0,60b	2,9±0,62a
Taste	Taste - overall intensity	3,0±0,00c	4,1±0,85b	4,9±0,48a
	Sour	3,0±0,59b	4,0±0,95a	4,3±0,90a
	Biter	1,3±0,73a	1,4±0,59a	1,3±0,56a
	Creamy	3,2±1,00a	2,2±0,89b	2,1±0,91b
	Cardboard	1,0±0,00a	1,2±0,37a	1,0±0,00a
	Oxidized	1,0±0,00b	2±1,33a	2,3±1,56a
	Aftertaste	1,4±0,93b	4,0±1,05a	4,5±1,08a
Texture	Mouthfeel	3,1±0,44a	2,6±1,25a	2,5±1,44a
	Homogeneity	3,1±0,44a	2,5±0,75b	2,5±0,81b
	Smoothness	3,2±0,60a	2,3±0,72b	2,2±0,98b
	Mouthcoating	3,1±0,44a	2,2±0,93b	2,5±0,98b
	Slimy	1,0±0,00a	1,1±0,32a	1,0±0,00a
	Astringent	1,3±0,64b	2,5±1,32a	2,8±1,25a

*Letras diferentes numa linha designam médias significativamente diferentes pelo teste Tukey ($p<0,05$).

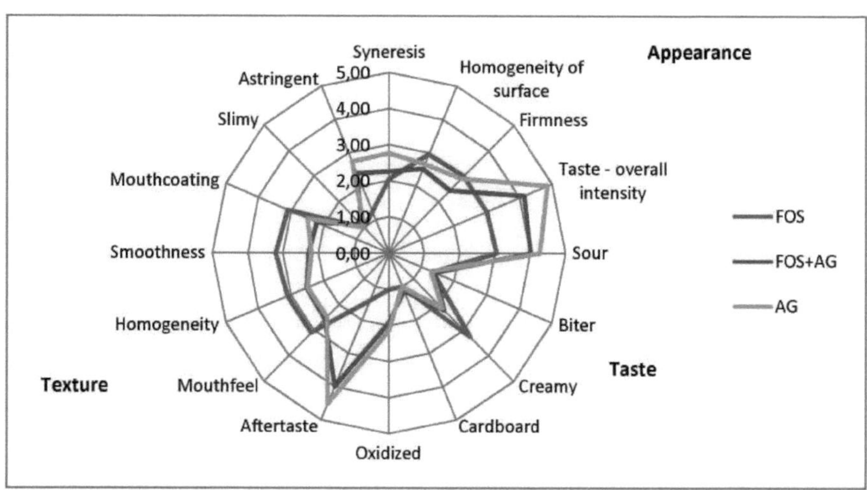

Figura 15: Intensidades médias dos atributos sensoriais durante 45 dias

A relação entre os parâmetros sensoriais (painel de consumidores e peritos), a concentração de lactose, os parâmetros de textura, a contagem viável (Log) e o pH durante a armazenagem foi estudada utilizando a Análise de Componentes Principais e os resultados são apresentados na Figura 16. Estão a ser distinguidos quatro grupos de parâmetros relacionados. É interessante notar que as notas obtidas pelo painel de consumidores (sabor, acidez, consistência e aceitação global) estão num grupo separado, ou seja, não estão correlacionadas com nenhuma das notas de intensidade do painel de peritos. As sensações gustativas: gosto residual, intensidade global, azedo, adstringente e oxidado, estão correlacionadas. Também as sensações de textura: revestimento bucal, sensação de boca e suavidade estão correlacionadas com o sabor amargo e cremoso, bem como com a concentração de lactose. Pode presumir-se, a título experimental, que a concentração de lactose pode ter alguma influência nestas sensações. O quarto grupo reúne apenas Log, sinérese, viscosidade e tempo, para os quais, à exceção da dependência temporal da contagem viável (Log) e da sinérese, não é possível conceber qualquer outra relação.

Gráfico de componentes no espaço rodado

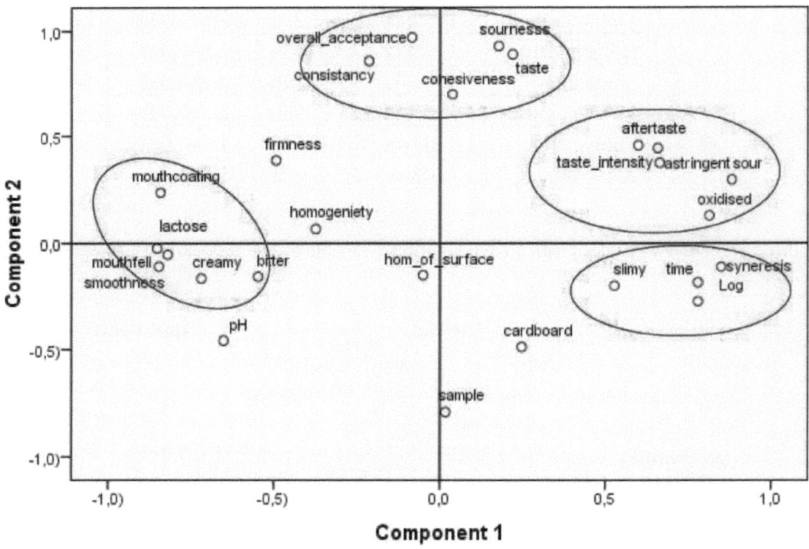

Figura 16: Análise de componentes principais dos dados relativos aos parâmetros sensoriais (painel de consumidores e de peritos), à concentração de lactose, aos parâmetros de textura, à contagem viável (Log) e ao pH

3.4. Influência do leite fermentado suplementado com goma de acácia no nível de glucose em indivíduos saudáveis e pessoas com diabetes

A concentração de glucose no sangue foi medida em indivíduos que consumiram leite fermentado e os resultados são apresentados no Quadro 7 e a sua apresentação visual nas Figuras 17 e 18.

Pode concluir-se que, nos três grupos, o nível de glucose aumenta 30 minutos após o consumo de todas as amostras (FOS, FOS+ AG e AG). No entanto, observa-se claramente que o pico de glucose no sangue é muito mais baixo quando a amostra AG é consumida do que as amostras que contêm FOS, especialmente nos diabéticos de tipo II. Além disso, após 120 minutos, os níveis de glucose em indivíduos com diabetes (tipo I e tipo II) que consumiram a amostra AG foram significativamente mais baixos em comparação com a amostra FOS. Foram obtidos resultados semelhantes quando a goma de acácia foi utilizada como substituto de açúcares simples em bolachas [46].

Quadro 7: Níveis de glicose nos indivíduos testados após o consumo de FOS, FOS+AG e AG

Time after consumption (min)	Glucose level (mmol/L)								
	Healthy persons			Person with Type I Diabetes			Person with Type II Diabetes		
	FOS	FOS + AG	AG	FOS	FOS + AG	AG	FOS	FOS + AG	AG
0	6,1	5,4	6,3	6,4	6,1	6,7	7,5	7,0	7,0
30	6,3	5,9	6,6	7,2	9,2	7,3	7,8	7,4	7,1
60	5,2	5,3	5,1	8,3	8,7	8,1	7,4	6,9	6,9
120	5,0	5,5	4,9	9,0	9,0	7,3	7,2	6,5	6,5

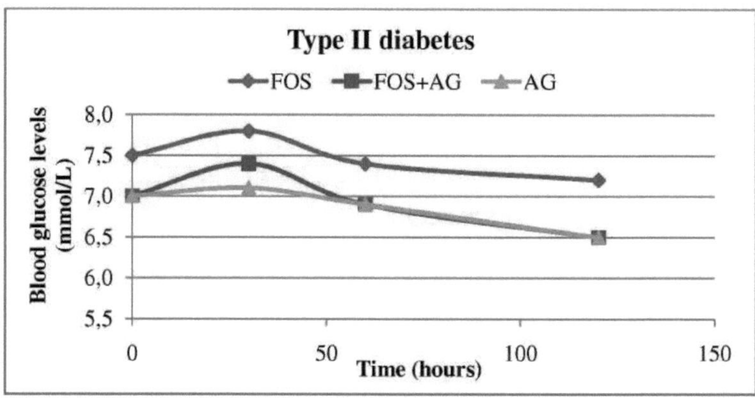

Figura 17: Níveis de glucose no sangue em pessoas com diabetes tipo I após o consumo de 200 ml de leite fermentado: FOS, FOS+AG e AG.

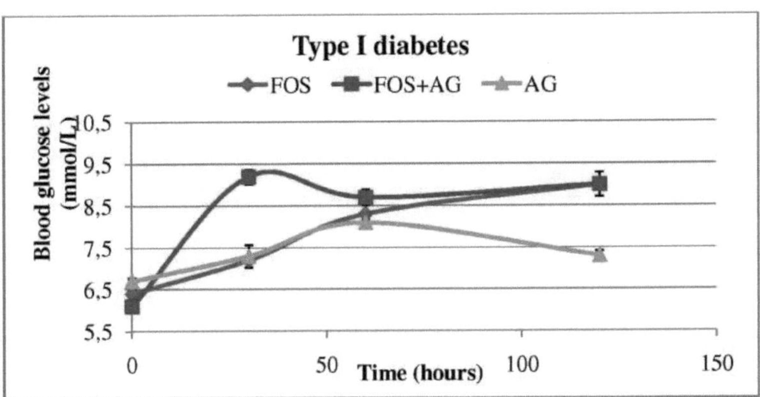

Figura 18: Níveis de glucose no sangue em pessoas com diabetes tipo II após o consumo de 200 ml de leite fermentado: FOS, FOS+AG e AG.

Estes resultados preliminares indicam que a goma de acácia pode influenciar o índice glicémico do produto. Ao diminuir o índice glicémico do leite fermentado, a goma arábica tornaria este produto mais aceitável para as pessoas que sofrem de diabetes. É necessária mais investigação com ensaios clínicos normalizados para validar este efeito e compreender o seu mecanismo.

4. Conclusão

A goma de acácia, fibra produzida em todo o mundo, foi implementada na produção de leite fermentado sinbiótico por uma empresa de lacticínios. Foram testadas duas concentrações de goma de acácia no leite: 0,75 % (p/p) (juntamente com 0,75 % (p/p) de fruto-oligossacáridos) e 1,5 % (p/p), para avaliar os seus efeitos na fermentação e no produto acabado durante o armazenamento de 45 dias. O padrão atual da empresa que contém 1,5 % (p/p) de fruto-oligossacáridos foi utilizado como controlo negativo.

Relativamente à concentração celular e à alteração do pH durante a fermentação do leite, não se observou qualquer diferença significativa entre as amostras. Todas as fermentações duraram cerca de 4,5 h, atingindo uma contagem viável próxima de log 7 cfu/g. O metabolismo dos hidratos de carbono das culturas iniciadoras, por outro lado, foi afetado pela presença de diferentes tipos de fibra no leite (fruto-oligossacáridos (FOS) e goma arábica (AG)). A lactose foi consumida em maior quantidade na amostra AG, o que foi associado à via mediada pela piruvato-formato-liase. Níveis mais baixos de lactose tornariam este produto mais aceitável para aqueles que são intolerantes à lactose. Também se provou que os fruto-oligossacáridos, bem como a goma arábica, estavam a ser consumidos pelas culturas, pelo que é necessária uma medição pormenorizada da sua concentração no produto final para efeitos de rotulagem.

Durante os 45 dias de armazenamento, a contagem de células viáveis em todas as amostras variou, no entanto, manteve-se acima de log 6 ufc/g, verificando que o produto é probiótico. Durante o período entre os dias 20 e 40, a amostra AG apresentou a maior concentração de células. O FOS apresentou um pH ligeiramente mais baixo e uma acidez total titulável mais elevada do que as outras duas amostras, o que implica quantidades mais elevadas de ácidos gerados. A lactose foi consumida nas três amostras, atingindo 3,0 % em FOS e FOS+AG e 2,6 % em AG após 45 dias. A lactulose também se encontrava presente em todas as amostras.

A fibra alimentar de acordo com a AOAC 985.29 foi avaliada nas amostras FOS+AG e AG e concluiu-se que durante o armazenamento a fibra estava a diminuir. São necessárias mais análises e pesquisa bibliográfica para compreender as razões exactas deste resultado, mas a fermentação da goma-arábica pelas bactérias presentes é a explicação mais provável. No entanto, existe uma quantidade elevada de fibra alimentar ainda intacta no leite fermentado contendo goma de acácia no final do prazo de validade.

Nos primeiros 14 dias de armazenamento, a textura não se alterou muito para nenhuma das amostras, no entanto, variações sinusoidais são notadas depois. A coesividade foi a mais diferente ($p<0,05$) entre as amostras para as quais o FOS apresentou valores mais elevados nos dias: 21, 30, 38 e 42. A fluidez também foi variável e foi mais elevada para o AG no dia 22. A coesão é o grau em que uma substância pode ser deformada antes de se partir e, neste caso, pode ser percebida pelos consumidores como boa ou má, dependendo da sua preferência. No entanto, uma grande diferença na textura de um produto durante o armazenamento pode afetar negativamente os consumidores.

Do painel de consumidores concluiu-se que o FOS era preferido pelo sabor e acidez e obteve as notas mais elevadas para a aceitação global, não tendo sido encontrada qualquer diferença estatística entre as amostras para a consistência. A razão para estes resultados pode ser o facto de os consumidores estarem habituados ao perfil sensorial do leite fermentado existente no mercado. A preferência geral do painel de consumidores pelo leite fermentado enriquecido com FOS pode ser explicada pelo efeito adoçante do FOS e pela falta de doçura da goma de acácia, o que também pode explicar o sabor residual encontrado pelo painel de peritos no FOS+AG e no AG. O género dos membros do painel e a sua frequência de consumo de leites fermentados não teve influência nos parâmetros sensoriais. O painel de peritos considerou que os FOS têm caraterísticas de textura mais pronunciadas, enquanto as sensações gustativas foram mais intensas nos FOS+AG e AG. O desenvolvimento do sabor oxidativo nestes dois é uma sensação negativa e deve ser evitado no produto acabado. Relativamente ao aspeto, parece não haver diferenças significativas entre as amostras.

Em conclusão, a adição de goma arábica ao leite fermentado enriquecerá o produto com prebióticos com uma fermentação prolongada no cólon distal sem modificar significativamente as caraterísticas físicas do produto final. A evolução semelhante do pH, o aumento da contagem de células e a cinética indicam que a mudança de uma fibra para outra não será uma fonte de problemas de processamento. Para as empresas de lacticínios, isto abre uma vasta gama de potenciais novos desenvolvimentos sem alterações no seu processo de produção. Nos leites fermentados adoçados/saborizados, a diferença sensorial será ainda menos pronunciada e a melhor tolerância da goma arábica, os seus excelentes benefícios para a saúde digestiva e os efeitos prebióticos sinérgicos com os fruto-oligossacáridos podem ser elementos a favor da utilização da goma arábica. Os níveis mais baixos de lactose e a ausência de frutose são sempre favoráveis aos consumidores intolerantes. O potencial benefício para os diabéticos na redução dos níveis de glucose no sangue é também uma grande vantagem dos leites fermentados suplementados com goma arábica que podem aumentar as propriedades funcionais do produto final.

5. Literatura

1. de Vrese, M. e J. Schrezenmeir, *Probiotics, prebiotics, and synbiotics.* Adv Biochem Eng Biotechnol, 2008. **111**: p. 1-66.
2. Vitali, B., et al., *Impact of a synbiotic food on the gut microbial ecology and metabolic profiles.* BMC Microbiol, 2010. **10**: p. 4.
3. Balakrishnan, M. e M.H. Floch, *Prebiotics, probiotics and digestive health (Prebióticos, probióticos e saúde digestiva).* Curr Opin Clin Nutr Metab Care, 2012. **15**(6): p. 580-5.
4. Ghouri, Y.A., et al., *Revisão sistemática de ensaios clínicos randomizados de probióticos, prebióticos e simbióticos na doença inflamatória intestinal.* Clin Exp Gastroenterol, 2014. **7**: p. 473-87.
5. Ali, B.H., A. Ziada, e G. Blunden, *Biological effects of gum arabic: a review of some recent research (Efeitos biológicos da goma arábica: uma revisão de algumas investigações recentes).* Food Chem Toxicol, 2009. **47**(1): p. 1-8.
6. Calame, W., et al., *Gum arabic establishes prebiotic functionality in healthy human volunteers in a dose-dependent manner.* Br J Nutr, 2008. **100**(6): p. 1269-75.
7. Codipilly, C.N., S. Teichberg, and R.A. Wapnir, *Enhancement of absorption by gum arabic in a model of gastrointestinal dysfunction.* J Am Coll Nutr, 2006. **25**(4): p. 307-12.
8. Jensen, C.D., et al., *The effect of acacia gum and a water-soluble dietary fiber mixture on blood lipids in humans.* J Am Coll Nutr, 1993. **12**(2): p. 147-54.
9. Ali, B.H., et al., *Efeito da goma arábica no stress oxidativo e inflamação na insuficiência renal crónica induzida por adenina em ratos.* PLoS One, 2013. **8**(2): p. e55242.
10. Cherbut, C., et al., *A goma arábica é uma fibra alimentar bifidogénica com elevada tolerância digestiva em seres humanos saudáveis.* Microbial Ecol Health Dis, 2003. **15**: p. 43-50.
11. Chung, C., et al., *Melhoria da estabilidade da cor das antocianinas em bebidas modelo por adição de goma arábica.* Food Chem, 2016. **201**: p. 14-22.
12. Michel, C., et al., *In vitro prebiotic effects of Acacia gums onto the human intestinal microbiota depends on both botanical origin and environmental pH.* Anaerobe, 1998. **4**(6): p. 257-66.
13. Min, Y.W., et al., *Efeito do iogurte composto enriquecido com fibra de acácia e Bifidobacterium lactis.* Jornal Mundial de Gastroenterologia: WJG, 2012. **18**(33): p. 4563-4569.
14. Goetze, O., et al., *Effect of a prebiotic mixture on intestinal comfort and general wellbeing in health (Efeito de uma mistura de prebióticos no conforto intestinal e no bem-estar geral na saúde).* Br J Nutr, 2008. **100**(5): p. 1077-85.
15. Hoyda, D.L., P.J. Streiff, e E. Epstein, *Method of making fiber enriched yogurt (Método de fabrico de iogurte enriquecido com fibras).* 1990, Google Patents.
16. Daguet, D., et al., *Arabino galactan and fructooligosaccharides improve the gut barrier function in distinct areas of the colon in the Simulator of the Human Intestinal Microbial Ecosystem.* Journal of Functional Foods, 2016. **20**: p. 369-379.
17. Terpend, K., et al., *Arabino galactan and fructo-oligosaccharides have a different fermentation profile in the Simulator of the Human Intestinal Microbial Ecosystem (SHIME (R)).* Environ Microbiol Rep, 2013. **5**(4): p. 595-603.
18. Halmos, E.P., et al., *Uma dieta pobre em FODMAPs reduz os sintomas da síndrome do intestino irritável.* Gastroenterology, 2014. **146**(1): p. 67-75 e5.
19. Miles, A.A., S.S. Misra, e J.O. Irwin, *The Estimation of the Bactericidal Power of the Blood (A estimativa do poder bactericida do sangue).* The Journal of Hygiene, 1938. **38**(6): p. 732-49.
20. Hedges, A.J., *Estimating the Precision of Serial Dilutions and Viable Bacterial Counts (Estimar a precisão de diluições em série e contagens de bactérias viáveis).* International Journal of Food Microbiology, 2002. **76**(3): p. 207-214.

21. Richmond, M.L., et al., *Determination of Sugars in Yogurt and Microbiological Media by High Performance Liquid Chromatography During Processing and Subsequent Storage1* Journal of Dairy Science, 1987. **70**(6): p. 1140-1147.
22. Muntean, E. e N. Muntean, *Avaliação da qualidade de sumos de maçã comerciais.* Journal of Agroalimentary Processes and Technologies, 2010. **16**(3): p. 346-350.
23. Radke-Mitchell, L.C. e W.E. Sandine, *Influence of temperature on associative growth of Streptococcus thermophilus and Lactobacillus bulgaricus.* J Dairy Sci, 1986. **69**(10): p. 2558-68.
24. Hutkins, R.W. e N.L. Nannen, *pH Homeostasis in Lactic Acid Bacteria¹.* Journal of Dairy Science. **76**(8): p. 2354-2365.
25. Rodrigues, D., et al., *O efeito potencial dos FOS e da inulina no desempenho de bactérias probióticas em matrizes de leite coalhado.* LWT - Ciência e Tecnologia Alimentar, 2011. **44**(1): p. 100-108.
26. Van der Meulen, R., et al., *Kinetic Analysis of Bifidobacterial Metabolism Reveals a Minor Role for Succinic Acid in the Regeneration of NAD(+) through Its Growth-Associated Production.* Applied and Environmental Microbiology, 2006. **72**(8): p. 5204-5210.
27. Choi, H.Y., et al., *Fermentação direta do ácido lático do extrato de tubérculo de alcachofra de Jerusalém utilizando Lactobacillus paracasei sem hidrólise ácida ou enzimática da inulina.* Bioresour Technol, 2012. **114**: p. 745-7.
28. Goh, Y.J., J.H. Lee, e R.W. Hutkins, *Functional analysis of the fructooligosaccharide utilization operon in Lactobacillus paracasei 1195.* Appl Environ Microbiol, 2007. **73**(18): p. 5716-24.
29. Zubaidah, E., *Comparative Study of Inulin Extracts from Dahlia, Yam, and Gembili Tubers as Prebiotic*, ed. A. Wilda. A. Wilda. 2013: Scientific Research Publishing.
30. Endo, H., et al., *Comparação da utilização de fruto-oligossacáridos por espécies de Lactobacillus e Bacteroides.* Biosci Biotechnol Biochem, 2012. **76**(1): p. 176-9.
31. Axelsson, L., *Lactic acid bacteria: classification and physiology, in Lactic Acid Bacteria: Microbiological and Functional Aspects* ed. por Selminen, S. e von Wright A. Marcel Dekker, Nova Iorque, 1998: p. 1-72.
32. Jin, J., et al., *Effect of Pre-Stressing on the Acid-Stress Response in Bifidobacterium Revealed Using Proteomic and Physiological Approaches.* PLoS ONE, 2015. **10**(2): p. e0117702.
33. Pan, X., et al., *Influência dos oligossacáridos no crescimento e na capacidade de tolerância dos lactobacilos a um ambiente de stress simulado.* Lett Appl Microbiol, 2009. **48**(3): p. 362-7.
34. Desmond, C., et al., *Melhoria da sobrevivência de Lactobacillus paracasei NFBC 338 em pós secos por pulverização contendo goma de acácia.* J Appl Microbiol, 2002. **93**(6): p. 100311.
35. Comissão, C.A., *Norma do Codex 243.* Comissão do Codex Alimentarius, 2003. **http//www.codexalimentarius.net/download/standards/400/CXS 243e. pdf.**
36. Abrahamson, A., *Galactose em produtos lácteos.* Projeto independente em Ciência Alimentar, Universidade Sueca de Ciências Agrícolas, Uppsala, 2015. **Publicação online: http:**//stud.epsilon.slu.se.
37. Alm, L., *Effect of fermentation on lactose, glucose, and galactose content in milk and suitability of fermented milk products for lactose intolerant individuals.* J Dairy Sci, 1982. **65**(3): p. 346-52.
38. Sieber, R., M. Stransky, and M. de Vrese, *[Intolerância à lactose e consumo de leite e produtos lácteos].* Z Ernahrungswiss, 1997. **36**(4): p. 375-93.
39. Galvao, L.C., M.I. Fernandes, and R. Sawamura, *[Lactose content and betagalactosidase activity in yogurt, cheeses and curdled milk made in Brazil].* Arq Gastroenterol, 1995. **32**(1): p. 8-14.

40. Adachi, S. e S. Patton, *Presence and Significance of Lactulose in Milk Products:* Journal of Dairy Science, 1961. **44**(8): p. 1375-1393.
41. Paquin, P., *Functional and Speciality Beverage Technology.* 1ª edição: Woodhead Publishing.
42. Montenegro, A.M., et al., *Gum Arabic: More Than an Edible Emulsifier, Products and Applications of Biopolymers.* Disponível em: http://www.intechopen.com/books/products-and-applications-of-biopolymers/2um-arabic-more-than-edible-emulsifier, ed. D.J. Verbeek. 2012: InTech.
43. Steele, C.M., et al., *The Influence of Food Texture and Liquid Consistency Modification on Swallowing Physiology and Function: Uma revisão sistemática.* Dysphagia, 2015. **30**(1): p. 2-26.
44. Williams, P.A., G.O. Phillips e A.M. Stephen, *Spectroscopic and molecular comparisons of three fractions from Acacia senegal gum.* Food Hydrocolloids, 1990. **4**(4): p. 305-311.
45. Mayo, B., et al., *Updates in the Metabolism of Lactic Acid Bacteria,* em *Biotechnology of Lactic Acid Bacteria.* 2010, Wiley-Blackwell. p. 3-33.
46. Nakov, G., N. Vasileva, e V. Stamatovska, *Investigação e análise de bolachas com caraterísticas de alimentos funcionais.* Tese de Mestrado, 2016.

Apêndice 1

Análise descritiva e quantitativa do leite fermentado

Aparência

sinérese	soro de leite que se separa da amostra ao longo do tempo
homogeneidade da superfície	a superfície não é homogénea quando são detectadas irregularidades, como caroços ou grânulos
firmeza	é determinada visualmente após a colocação cuidadosa de um colher cheia sobre a superfície intacta do leite fermentado e determinar o tempo de conservação da estrutura

Gosto

intensidade global	intensidade do sabor
azedo	sabor básico associado a uma solução de ácido cítrico
amargo	gosto básico associado à solução de cafeína
cremoso	sabor associado ao creme de leite
cartão	sabor associado ao cartão
oxidado	sabor associado aos produtos da oxidação das gorduras

Textura

paladar	sensação de consistência da amostra na boca; capacidade do produto para fluir (viscosidade)
Homogeneidade	(analisada com um grau de uniformidade de partículas colher ou boca)
suavidade	grau de fusão e dissolução na boca correspondente à cremosidade
revestimento da boca	sensação associada à formação de um revestimento lubrificante entre a língua e o palato
viscosidade	sensação associada à consistência da clara de ovo.
adstringente	sensação de secura na boca

Sabor residual

intensidade global	sabor global 1 minuto após a ingestão da amostra

Análise sensorial do leite fermentado DATA __________

Três amostras de leite fermentado estão à sua frente, avalie a intensidade dos descritores com números de 1 - inexistente (impossível de sentir) a 5 - sensação muito intensa expressa.

Descriptors / sample number:	______	______	______
Appearance			
syneresis			
homogeneity of surface			
firmness			
Taste			
overall intensity			
sour			
bitter			
creamy			
cardboard			
oxidised			
Texture			
mouthfeel			
homogeniety			
smoothness			
mouthcoating			
sliminess			
astringent			
Aftertaste			
overall intensity			

Apêndice 2

Sexo **DATA ____________**

- masculino
- feminino

Idade________
Bebe iogurte?

- SIM
- NÃO

Se bebe, com que frequência?

- 1-3 vezes por semana
- 3-5 vezes por semana
- > 5 vezes por semana

Foram-lhe servidas 3 amostras de leite fermentado. Por favor, tente avaliar (1 a 5) os seguintes atributos de acordo com a sua preferência:

- 1 - Não gosto nada
- 2
- 3 - É bom
- 4
- 5 - É excelente

Sample number	_____	_____	_____
Taste	_____	_____	_____
Consistency	_____	_____	_____
Acidity	_____	_____	_____
Overall acceptability	_____	_____	_____

Apêndice 3

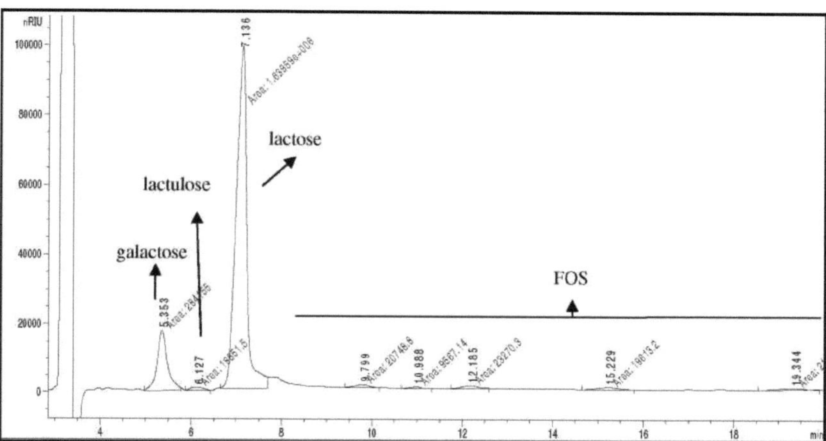

Figura 1: Cromatograma representativo de uma amostra contendo FOS.

ÍNDICE DE CONTEÚDOS

Capítulo 1 2

Capítulo 2 4

Capítulo 3 7

Capítulo 4 33

Capítulo 5 35

MIX
Papier aus verantwortungsvollen Quellen
Paper from responsible sources
FSC® C105338

Printed by Books on Demand GmbH, Norderstedt / Germany